日本人には馴染みの深い浦島太郎伝説。砂浜で助けたアカウミガメ産卵個体の背中に乗って太郎が辿り着いた竜宮城は一つではなかった。大きなカメを助けていれば東シナ海へ、小さなカメを助けていれば太平洋へ。東シナ海の竜宮城では貝やカニ等の底生動物の舞い踊りを、太平洋の竜宮城ではクラゲ等の浮遊生物の舞い踊りを堪能したことだろう。太郎がもし同じカメに乗って帰ったのなら、東シナ海からは二年後、太平洋からは四年後だった筈だ。栄養価の高い餌を食べてすぐに帰ってこられる東シナ海のカメは、太平洋のカメよりも二倍多く子ガメを産み出していた。二つの竜宮城の謎を解き明かすために、日本の代表的なウミガメ産卵地を渡り歩いた一フィールドワーカーの見聞録。

1. 払暁に屋久島永田の川口浜へ上陸してきたアカウミガメ産卵個体．大きい個体で標準直甲長900 mm，体重100 kg を超える
2. 小笠原諸島父島初寝浦で産卵中のアオウミガメ．大きい個体で標準直甲長1000 mm，体重200 kg を超える．一回の産卵でピンポン玉ぐらいの大きさの卵を約100個落とす

3．豪州グレートバリアリーフで遊泳中のアオウミガメ

4．アカウミガメ孵化幼体．標準直甲長40 mm，体重15 g ほどである

5．屋久島永田のいなか浜で孵化して海へ向かうアカウミガメ

6．南知多ビーチランドで1年飼育後に屋久島へ戻され，放流を待つアカウミガメ若齢個体

7. 屋久島永田の前浜で産卵後，巣穴をカモフラージュ（前肢穴埋め）するアカウミガメ．同じカメが1産卵期に約2週間毎に複数回の産卵を行う
8. 前浜から海へ帰るアカウミガメと，見守る調査員．ウミガメの涙は，塩類腺から排出された余剰な塩分である．海にいる間，常に分泌されている．陸に上がると，お産が辛くて泣いているように見える．鼻は犬のように濡れて柔らかい

9. いなか浜で産卵を終え，くっきりと足跡を残して帰るアカウミガメ．上陸，穴掘り，産卵，穴埋め，及び帰海から成る一連の産卵行動に，約1時間を費やす

10. 朝焼けを映す永田川

11．屋久島，梅雨明け後の空と海

12．いなか浜沖に沈む夕日．調査の始まりを告げる

13. 黄昏の前浜と永田川．沖の島影は口永良部島

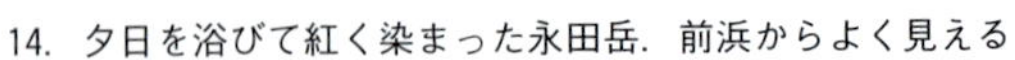

14. 夕日を浴びて紅く染まった永田岳．前浜からよく見える

フィールドの生物学―㉒

竜宮城は二つあった

ウミガメの回遊行動と生活史の多型

畑瀬英男 著

東海大学出版部

Discoveries in Field Work No. 22
Two dragon palaces:
migratory and life-history polymorphisms in sea turtles

Hideo HATASE
Tokai University Press, 2016
Printed in Japan
ISBN978-4-486-02104-9

はじめに

本書は、筆者が日本の代表的なウミガメ産卵地を渡り歩いて、五官で感じたことを記したものである。一九九七年からウミガメの研究を始め、気付いたら十九年。人生のおよそ半分をウミガメ研究に費やしてきた。光陰矢の如しである。ここらで来た道を振り返っておくのもいいかもしれないと思い、筆を執った。筆者の軌跡が、ウミガメのみならず大型野生動物の生態学を志す若者の参考になれば幸いである。

生態学の研究の進め方には二つある。同じ課題を様々な分類群を対象に広く浅く追求するテーマ主義と、一つの分類群に対象を絞ってその全貌を深く掘り下げるモノグラフ主義である。前者は手法を売りにしている研究者に、後者は対象生物に対する思い入れの強い研究者によく見られる。この本で述べられる筆者の研究は、典型的な後者である。

本書では竜宮城という言葉を多用しているが、言わずもがなウミガメの回遊先である餌場の比喩である。竜宮城と聞いただけで日本人ならウミガメを連想するので、主タイトルに敢えてウミガメを入れなかった。同じ砂浜で産卵するウミガメでも餌場が大きく異なることを実証して以来、今に至るまでそれに基づいて研究を展開してきた。それを主タイトル「竜宮城は二つあった」に込めた。実際この発見がなければ、ここまでウミガメの研究を続けて来なかったかもしれない。筆者がモノグラフ主義者となることを宿命付けた発見である。

本書は四章から成る。第1章は、日本で最も普通に見られるウミガメであるアカウミガメ産卵個体において、上記現象を発見するに至るまでの紆余曲折を事細かに記載している。第2章は、上記現象が、日本で産卵するもう一つの主なウミガメであるアオウミガメ産卵個体にも当てはまるのかを検証した研究について述べている。

第3章は、再びアカウミガメに戻り、この現象の原因に取り組む。最後に第4章では、この現象が、アカウミガメの生み出す子ガメの量や質にどのような影響を及ぼすのかについての一連の研究を紹介している。野外生態学をやっている以上、旅や冒険は不可欠の要素である。訪れた土地の魅力をできるだけ伝えられるように記述に努めた。血沸き肉躍るサーガ（長編冒険談）となっているかどうかは不明だが、楽しんでいただければ幸いである。

古来、学問であれ武術であれ、新たな流派を興すには奥義の書が必要である。本書により我が流派が開かれんことを願う。命名、竜宮二刀流、竜宮二元流、もしくは竜宮二甲流……。あるいは中国では、亀は北方を司る神である玄武を表しているので、玄武二宮流、玄武二城流……。簡潔に双龍流でいいかもしれない。流派名はさておき、抜錨。

目次

第4章　アカウミガメの二つの竜宮城——その結果——163

第1章
アカウミガメの竜宮城を求めて
―― 和歌山県南部町と屋久島

大学院を受験する前に現場を訪れて話を聞こうと、和歌山県南部町千里浜で調査中の先輩に電話をかけた。当時は電子メールがようやく一般に使われ始めた頃で、通信といえばまだ電話が主流の時代であった。快活に話す先輩の後ろで聞こえた潮騒が妙に記憶に残っている。それは海の生物の研究という、未知の世界へと誘う、竜宮城からの調べであった。

発端

家から海が近かった。温暖な山陽地方の、穏やかな瀬戸内海である。対岸に淡路島を間近に望む、神戸市西部で育った。海岸は消波用のテトラポッドで固められていた。テトラポッドの連なりがさながら入り組んだ迷路のようで、よく飛び回って遊んだものだ。まだ明石海峡には、大橋が架かっていなかった。淡路島からフェリーで渡ってきたトラックが、よく近所に野菜を売りに来ていた。畑で取れたカブトムシやクワガタムシ等の格好いい昆虫も売っていたので、淡路島の八百屋さんが来る日を心待ちにしていた。親にカブトムシの成虫や幼虫を買ってもらい飼育した。カブトムシ以外にも、無脊椎動物から脊椎動物まで様々な生物を、近所で捕えたり買ったりして飼育した。アリ、アリジゴク、コオロギ、バッタ、カマキリ、カナブン、カミキリムシ、ザリガニ、タイコウチ、ミズカマキリ、ヤゴ、トンボ、セミ、金魚、鮒、オタマジャクシ、カエル、カメ、トカゲ、ヒヨコ、鶏、等々。飼っていた鶏が毎日卵を産んでいたので、新鮮な食材には困らなかった。海釣りにもよく出かけた。浜や舟からの投げ釣りや、漁港でのサビキ釣り。明石に近いだけあって、タコを釣ったこともあった。岩礁にでも引っかけたかのような重い感触のリールを巻き上げるとタコだった。足にかかった針を外す際に、物凄い力で腕に吸い付いてきた。晩飯に茹でて赤くなったその好敵手が出されたが、子供心に何となく食べる気がしなかった。

小学校高学年から山の裏の新興住宅地へ引っ越した。飼っていた鶏は引っ越し前に近所の米屋さんに引き取ってもらった。環境の変化もあり、引っ越し後はあまり生物に胸をときめかせることもなくなった。犬を飼ったぐらいだろうか。柴犬と何かの雑種の子犬を一匹貰ってきた。真っ当に躾るのが難しく、あまり言うことを聞かなかった。毎年の狂犬病の予防接種の際にも牙をむく困った奴だった。夕方の散歩は私の当番だったので、学校から帰宅したら、雨天でも近所を連れ歩いた。大学進学で実家を離れるまで、犬の散歩当番を続けた。生物の飼育にはそれなりに手間が掛かり、責任を伴うことを学んだ。

中学、高校を出て、周りと同じように何となく大学へ進んだ。札幌の大学を受験した。その際、生まれて初めて飛行機に乗った。伊丹－千歳便である。まだ新千歳空港は開いていなかった。離陸時の加速後に来る浮遊感が何とも心地良かった。千歳空港から札幌まで列車に乗ったが、関西の列車と違い、ほとんど揺れないことに驚いた。それだけまっすぐ線路が敷かれているということだろう。入試会場の大学構内では、学生が大学生活を紹介する冊子を配っていた。おまけとして付いていた蚕の繭が印象に残っている。試験を終えて、時計台と赤レンガの旧道庁を見学したぐらいで帰途に就いた。旅の楽しみ方を心得ていなかった。札幌から上野まで寝台列車に乗った。翌朝、上野からは鈍行列車で東海道を下り、その日のうちに神戸へ帰り着いた。ほとんど寄り道することのない、移動に終始した旅だった。しかしこれだけ長い一人旅は初めてで、全てが新鮮だった。実家を離れるまでの我が行動圏は狭かった。圏内で生活が完結し、圏外への好奇心は薄かった。入試に受かり、北海道人口の三分の一が集中する北の都、札幌での生活が始まった。当時は敦賀－小樽間にフェリーが就航していた。学割を使うと二等の雑魚寝で片道六千円もしなかったので、帰省の際によく使ったものだ。ただし丸一日ぐらいかかったので、長い船旅を楽しく過ごす術を身に付ける必要があった。冬の日本海はよく揺れた。飛行機にも、二十一歳ぐらいまではスカイメイトに入会していれば、座席が空いている際に半額ぐらいで乗れた。遠隔地に住むことで必然的に帰省が旅になり、いつの間にか旅の技術が身に付いていった気がする。望めばどこにでも行けるんだと思うようになった。徐々に見知らぬ土地を訪れて見聞を深めたいという衝動が醸成されていった。

　大学受験の選択肢が広がるということで、高校では物理と化学を履修していた。大学には化学系の枠で入った。当時その大学では、教養部の一年半の成績に基づいて、進む学部学科を決められる仕組みになっていた。成績上位者ほど優先的に希望する学部学科へ進めるのである。不人気学科へも均等に学生を割り振るための制度だったのだろうか。理由は定かではない。私は化学系で入学したものの、動物への興味が勝り、農学部の畜産科学科へ進んだ。農場で飼われていた牛の乳を搾り、チーズ、バター、ヨーグルト、アイスクリーム等への加工実習。自分達で育てた豚を屠り、ソーセージ、ベーコン、ハム等の製造実習。牛の皮を鞣して革ベルトの作製。牧場での乗馬実習や肉牛管理。羊の毛刈り。老いた競技用馬の散歩や飼養。驢馬の削蹄。鶏の餌やり。どれも楽しかった。家畜・家禽は、人類が何千年もかけて美味しくなるように選抜交配を繰り返して作ってきたことを学んだ。

　大学の課外活動として運動部に所属していた。ポリカーボネート製の防具を身に纏ってぶつかり、楕円球を奪い合う激しい競技だった。怪我が絶えなかった。体を筋肉で鎧うためにウエイトトレーニングが欠かせなかった。人間の体には超回復という性質があることを知った。筋肉に負荷をかけると一時的に筋力が低下するが、数日後に回復した時には以前よりも少し筋力が増しているという現象である。これを繰り返して筋力を上げていくのだ。望めば人間の肉体は変化させられることを学んだ。肉体が変化すると、人より偉くなったような気がした。単純である。肉体と精神は不可分のものなのかもしれない。しかしこの競技は対人団体球技なので、単に個々の肉体が優れていれば、勝ちを収められるというものではない。喩えて言えば、百メートル走の世界記録保持者が、野球で盗塁王になれるかというようなものである。盗塁するには、現在のカウント、投手の癖、捕手の肩等を勘案しなければならない。ただ韋駄天なだけでは成功しない。相手の考えを読んで対策を練るという要素が、対人競技で勝つためには大きなウエイトを占める。現役時代はあまりこういうことに気付かずにやっていたが、引退後に様々な競技を経験することで理解できるようになった。

雪国なので十二月中旬から三月中旬まで、屋外のグラウンドが使えなかった。その間、部活動はウエイトトレーニングが中心だった。多い時は週四日、大学構内の外れにあるトレーニングセンターへ、雪道を歩いて通っていた。学部での講義終了後、センターまでの近道となる雪深い農場をよく突っ切ったものである。凍った雪道を自転車で走ると危険なので、冬の間は自転車を業者に預けていた。体育館での練習もあったが、どの部も冬場は屋内で練習したいので、一日の使用時間は限られていた。肥大した肉体を活かして、学生相談所で紹介された、デパートでの什器搬出入の短時間アルバイトをよく行い、生活費の足しにしていた。辺り一面、雪に囲まれていたにも関わらず、学生時代はあまりスキーをやらなかった。経済的理由もあるが、当時はまだカービングスキーがなかったので板の制御が難しく、上達が目に見えなかった。滑ってもあまり楽しいとは思わなかった。札幌を去った後の方が、スキー経験は多い。何事においても、動機付けには道具が重要な働きをするのである。また札幌と言えば味噌ラーメンの本場であるが、学生時代は取り立ててラーメンを食べたいとは思わなかった。部活動後にラーメンでは疲労が回復しないというのもあるが、当時はラーメン食べて美味しいとは感じなかった。麺通になったのは三十代に入ってからだろうか。年齢と共に味覚は変化するのかもしれない。スープカレーも札幌名物として認知されてきたが、私がいた頃にはまだ流行っていなかった。

大学三年の冬だったろうか。阪神淡路大震災があった。朝テレビを点けると、燃えさかる故郷が映し出された。電話で家族の安否を確認した。最初回線が込んでいて繋がりにくかったが、昼には繋がった。幸い親類縁者から怪我人や死人は出なかったが、実家に少しひびが入ったり、棚から物がたくさん飛び出して壊れたりと、物的被害はあったようだ。祖父の家が半壊して、祖父母がしばらく実家で共に暮らしていた。私一人実家を離れて暮らしていたので、運が悪ければ天涯孤独になっていた。実際、父はあの朝偶然一階で寝ていたので助かったそうだ。いつものように二階の寝室で寝ていたら、箪笥の上から落ちてきた棚で大怪我を負っていたとのこと。天変地異のような不測の事態に対して、人は無力である。生死を分けるのは運なのかもしれない。

大学四年の十一月初めまで部活動中心の生活を送っていた。部を引退して、体を鍛えなくなってから将来に迷いを生じ始めた。分かりやすい反応である。私の場合、この時、玉手箱を開けて夢から醒めたのかもしれない。卒業研究のために生化学系の研究室に配属されていたのだが、何かが満たされなかった。大学を出てそのまま食品関連の会社へ就職し、普通の人生を歩もうという気にはならなかった。畜産学を続けようという気にもならなかった。人間が全てを制御している家畜・家禽の研究よりも、未知の部分が多い、何も分かっていない野生動物の生態を追った方が面白いんじゃないか、と思い始めた。

都会の中の山小屋のような所で共同生活したり、部活動の新人教育係を務めたり、アルバイトをしたりしながら、進路を模索した。当時、司馬遼太郎が亡くなって追悼フェアが書店で催されていた。それまで全く著作を読んだことがなかったが、幕末青春群像劇『竜馬がゆく』を手にしてみた。ひどく感動した。影響されやすい私は、京都伏見の寺田屋、高知城、桂浜等の坂本竜馬ゆかりの地を訪れた。薄暮の桂浜で寝転がって、腕を枕に潮騒に耳を傾けた。何か懐かしさを覚えた。そのまま微睡んでいると、夢に竜馬が現れて、我が運命を告げた、ということはなかった。しかしその時、天啓を得た気がする。海の研究、いいんでないかいと。同時に、小学生の頃、家で飼っていた淡水ガメのことを思い出した。近所の池で捕まえて庭で放し飼いにしていた大きなクサガメが、ある夏の朝、後肢で穴を掘って楕円形の卵を十個ほど産んでいた。家でそのカメを冬眠させられないから、背甲に私の名前と電話番号をプラモデル用の黄色いラッカーで書いて、捕まえた池に放しに行った。突然自由の身になったカメは、訝しげに何度もこっちを振り向きながら池の奥へと帰っていった。翌春、巣を掘り返すと子ガメが二頭出てきた。その子ガメ達は水槽掃除中にどこかへ消えてしまった。カメの研究、面白いかもしれない。畜産学で大型動物を扱ってきたし、どうせならウミガメの研究をやってみたい。どこでできるんだろう。しばらく沈静していた魂が再び燃焼し始めた。当時はまだインターネットがそれほど普及していなかったので、函館にある水産学部の先生を訪ねたりして情報を集めた。京都大学大学院農学研究科海洋生物環境学分野の坂本　亘先生達が、和歌山県南部町千里浜でウミガメの研究をしていると伺った。坂本先生を訪ねて話を伺うことにした。これ以後、人生に迷うことはなくなった。

このような顛末で運良く大学院にも受かり、ウミガメ研究を始めることになった。しかし問題はウミガメの何を研究するかである。修士課程を終えて研究室を去った先輩からの引き継ぎの課題として、日本で産卵するアカウミガメの遺伝的集団構造解析を与えられた。しかしそれだけでは独自性がない。

ウミガメという生き物

ここでウミガメについて簡単に紹介しておく。ビッグバンで宇宙が誕生したのが百五十億年前、太陽誕生が五十億年前、そして地球誕生が四十六億年前と言われる。地球上に原始生命が現れたのが三十五億年前、脊椎動物出現が五億年前、海から陸への生物の進出が四億年前と言われる。爬虫類であるカメ類は二億年前に起源し、そのうちウミガメ類は一億年を超える進化史をもつと言われている（亀崎、二〇一二）。人類の祖先である猿人アウストラロピテクスが現れたのが約四百万年前、現生人類出現が約十万年前なので、それと比べるとウミガメは遙かに太古から存在する生き物である。しかしながら現在生き残っているのは七種のみである。国際自然保護連合（ＩＵＣＮ）編纂のレッドリストにおいて、データ不足で現況不明のヒラタウミガメ *Natator depressus* を除いて、全て絶滅危惧種に指定されている。七種は、オサガメ科に属するオサガメ *Dermochelys coriacea* と、ウミガメ科に属する六種から成る。オサガメだけ形態が著しく違う。ウミガメと聞くと亀甲模様の硬い甲羅を思い浮かべるが、オサガメにはそのような甲羅がない。レザーバックという英名の通り、甲羅に当たる部分が皮膚で覆われている。七種の中で最大で、体重が五百キログラムを超える個体もいる（George and Fossette, 2006）。オサガメの大きく発達した前肢が、千メートルを超える潜水や、熱帯から亜寒帯に及ぶ大回遊を可能にしている。

ウミガメは全て砂浜で産卵を行う。現生七種のうち、ケンプヒメウミガメ *Lepidochelys kempi* はメキシコ湾西部、ヒラタウミガメは豪州北部のみでしか産卵しないが、アカウミガメ *Caretta caretta*、アオウミガメ *Chelonia mydas*、タイマイ *Eretmochelys imbricata*、ヒメウミガメ *Lepidochelys olivacea*、及びオサガメの産卵場は世界的に広く分布している。砂浜で孵化した子ガメが海に入った後、成長・成熟して再び砂浜に現れるまでに送る生活は、種によって異なっている。生物が生まれて成長・成熟し、死に至る過程を生活史というが、一般にウミガメの生活史は三つに分類される（Bolten, 2003：図１・１）。一生浅海（二百メートル以浅）に留まっているのがタイプ１で、ヒラタウミガメがこれを採る。次に、孵化後、浅海を通過して外洋（二百メートル以深）へ進出し、未成熟期初期までは外洋で過ごすが、ある程度成長すると浅海へ加入し、そこで性成熟に達するのが

タイプ1

・ヒラタウミガメ

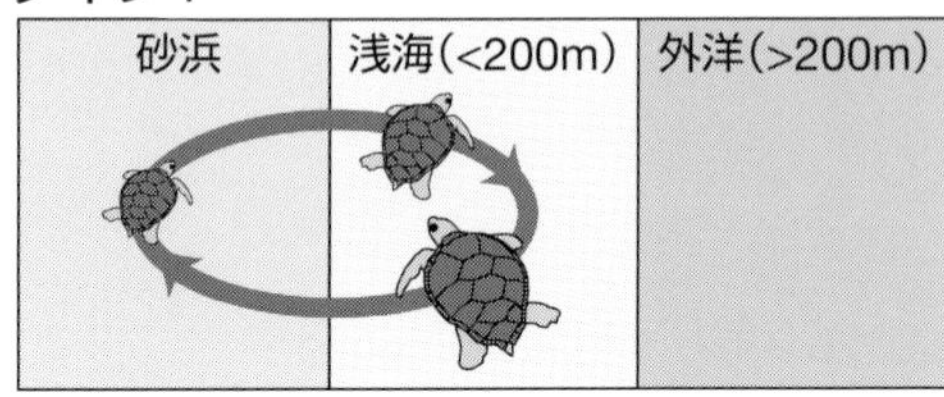

タイプ2

・アカウミガメ
・アオウミガメ
・タイマイ
・ケンプヒメウミガメ
・西部大西洋と豪州のヒメウミガメ

タイプ3

・オサガメ
・東部太平洋のヒメウミガメ

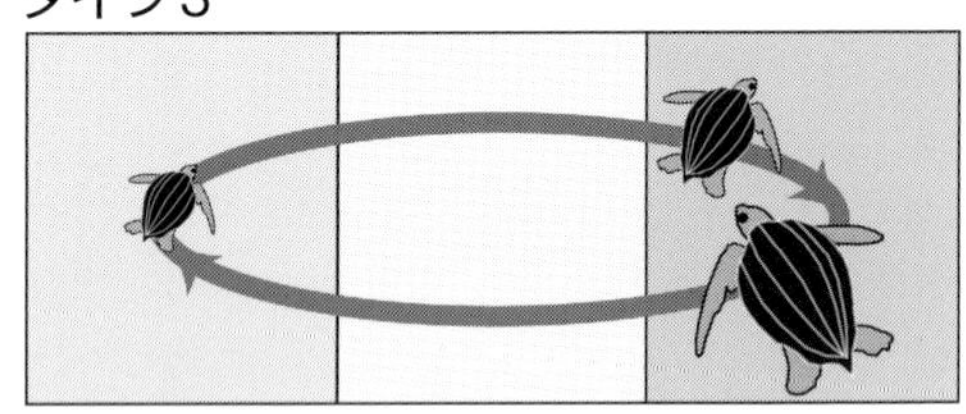

図1・1　ウミガメの3つの生活史様式(Bolten, 2003より改変)

タイプ2である。このタイプを採るのが最も多く、アカウミガメ、アオウミガメ、タイマイ、ケンプヒメウミガメ、及び西部大西洋や豪州のヒメウミガメが含まれる。最後に、産卵や孵化幼体の時期を除いて一生を外洋で過ごすのがタイプ3で、オサガメと東部太平洋のヒメウミガメがこのタイプを採る。

カメ類は陸起源なので、ウミガメ類が浅海から外洋へ段階的に生活の場を移していったと考えるのが妥当だろう。すなわちタイプ1が最も古く、そこからタイプ2、最後にタイプ3が生じたと。しかし遺伝子データに基づいて推定された系統樹上では、タイプ3を採るオサガメが最も古く、そこからタイプ2や1を採る他の六種が派生したかたちになっている（Bolten, 2003; Bowen and Karl, 2007）。タイプ1や2を採っていた祖先種が絶滅したために、見かけ上こうなってしまうのだろう。

現生七種のうち、日本近海で見られるのがアカウミガメ、アオウミガメ、タイマイ、ヒメウミガメ、及びオサガメの五種である。水産庁編の『日本の希少な野生水生生物に関するデータブック』においては、絶滅危惧種に指定されているオサガメ以外は希少種扱いである。日本近海で見られる五種のうち、日本で産卵するのが、タイプ2の生活史を採るアカウミガメ、アオウミガメ、及びタイマイの三種である（図1・1）。環境省編のレッドデータブックでは、アカウミガメとタイマイが絶滅危惧ⅠB類、アオウミガメが絶滅危惧Ⅱ類に指定されている。アカウミガメの産卵場が最も高緯度まで分布しており、宮城県山元町が最北記録である（松沢、二〇一二）。ただし毎年産卵が見られるのは千葉県の九十九里浜辺りまでである。最大の産卵場は屋久島で、日本の産卵巣数の半分近くを占める。北太平洋においてアカウミガメの産卵が見られるのは日本のみなので、日本最大の産卵場＝北太平洋最大の産卵場である。アオウミガメの産卵場の北限は屋久島で、最大の産卵場は小笠原諸島である。タイマイの産卵場の北限は沖縄本島近辺であるが、日本での産卵自体が非常に少ないので、どこが最大の産卵場かは不明である。

日本本土で最も普通に見られるのがアカウミガメなので、本土で形成されたと思われる浦島太郎伝説に出てくるウミガメは、砂浜へ上陸してきたアカウミガメ産卵個体を意図しているのだろう、と筆者はずっと信じ込んでいた。しかし色々と文献を当たってみると、初期の浦島太郎伝説においては、ウミガメであることや産卵個体であることさえも怪しいようである。原型となる浦島伝説は、奈良・平安時代に成立した『日本書紀』、『丹後国風土記』、及び『万葉集』にも載っているほど、日本で古くから知られた言い伝えである。『日本書紀』の浦島伝説には大亀が出てくるが、カメはカメでも淡水生のスッポンのことだそうだ（坂本ら、一九九四）。『丹後国風土記』の浦島伝説では、海で五色の亀が釣り上げられるが、種やサイズは不明である（武田、一九三七）。『万葉集』の浦島伝説には亀は全く出てこず、海釣りをしていて海神の娘と出会うことになっている（佐竹ら、二〇一四）。浦島太郎が助けたウミガメに連れられて竜宮城へ行き、乙姫の歓待を受け、数年後に帰ってきたら知り合いが誰もおらず、お土産に貰った玉手箱を開けて老人になるという話の型ができたのは、室町時代に成立した『御伽草子』からだそうだ（三舟、二〇〇九）。太郎がウミガメの背中に乗って竜宮城へ向かうのは江戸時代の芝居の演出からで、それまでは娘に化けたカメと一緒に舟で向かっており、乙姫とカメは同一人格だった（三舟、二〇〇九）。現代では、浦島太郎伝説＝ウミガメ産卵個体の話となっているが、時代と共に浦島説話は変遷しているのである。

温帯から亜熱帯に位置する日本では、三種の産卵は春から夏に集中している。それ以外の季節に産卵しても気温が低いため、砂中に産み落とされた卵がまともに発生しないからだ。一般にウミガメは外敵を避けて夜間、産卵のために砂浜に上陸してくる。上陸すれば必ず産卵する訳ではない。危険を感じたり、上手く巣穴を掘れなければ、諦めて海に帰ってしまう。その日もしくは次の日に再度上陸してくる。故に上陸頭数は産卵巣数よりも多くなる。一度に約百個の卵を産む。卵はピンポン球ぐらいの大きさだ。殻は鶏卵のように硬くはないので、産み落とされた衝撃で卵が割れることはない。産出直後の卵は凹んでいるが、巣内で発生が進むと、周囲の水分を吸って膨張する。卵サイズはウミガメ成熟個体の体サイズにおおよそ比例しており、日本で産卵する三種ならば、タイマイ、アカウミガメ、アオウミガメの順に大きくなる。例外的にヒラタウミガメの卵は、成熟個体の体サイズがアカウミガメと同じくらいなのに、オサガメ並に大きい（Wallace *et al.*, 2006b）。個々の卵が大きい分、一腹卵数は他種に比べて少ない。大きな子ガメが浅海の捕食者に食べられる確率は低いので、そのことがヒラタウミガメの一生浅海に留まるタイプ1の生活史を可能にしているようだ。一般にウミガメは産卵場に対する固執性が強く、一つの産卵期に約二週間毎に同じ砂浜で複数回の産卵を行う。そして数年後に再び同じ浜に産卵に戻ってくる。

日本で産卵する三種の生活史を詳しく述べる。まずアカウミガメである。砂浜で孵化した幼体は、黒潮や北太平洋海流を利用して成長回遊を行う。遠く東太平洋のメキシコ沖にまで達する個体もいる。この成長回遊は、孵化後約一年間飼育された個体の標識放流や、日本の孵化幼体と北太平洋中央部や東太平洋で漁業により混獲された未成熟個体の間での遺伝子の比較から明らかにされてきた（Bowen *et al.*, 1995）。この成長回遊の間、主にクラゲ等のゼラチン質の浮遊生物を食べている（Parker *et al.*, 2005）。ある程度成長すると、日本近海の浅海へ加入し、主にエビ、カニ、貝等の底生動物を食べるようになる（山口ら、一九九三：加藤ら、一九九八）。性成熟に達すると、摂餌場と産卵場の間を季節回遊するようになる。交尾は産卵場近辺で行う。産卵期が終わると再び摂餌場へ戻る（亀崎ら、一九九七：Sakamoto *et al.*, 1997）。このような繁殖回遊を数年毎に行う（岩本ら、一九八六：Sato *et al.*, 1997）。

次にアオウミガメの生活史である。日本最大の産卵場である小笠原諸島を例にする。砂浜で孵化した幼体は、浅海を離れて外洋へ出る。外洋で浮遊生物を食べてある程度成長すると、日本列島沿岸へ加入し、主に海藻を食べるようになる（倉田、一九七八）。性成熟に達すると、摂餌場である日本列島沿岸と産卵場である小笠原諸島の間を季節回遊するようになる（立川・佐々木、一九九〇）。交尾は小笠原諸島近辺で行う。産卵期が終わると再び摂餌場へ戻る。このような繁殖回遊を数年毎に行う。

日本で産卵するタイマイの生活史に関しては、個体数が少ないこともあり、あまり研究が進んでいない（Kamezaki and Hirate, 1992）。アカウミガメやアオウミガメのようにタイプ2の生活史を採るのだろう（図1・1）。一般に、外洋から浅海へ加入後の主な餌は海綿である（Bjorndal, 1997; Okuyama *et al.*, 2010）。タイマイの背甲や腹甲の鱗板が鼈甲細工の材料になるので、かつて日本はタイマイ鱗板の輸入大国だった（松沢・亀崎、二〇一二）。しかし現在はワシントン条約により、ウミガメ全種の国際間商取引が禁止されている。

ウミガメがたくさん産卵に訪れる地域では、昔から地元の人々が活動している。現在日本に、大学のウミガメ調査研究のためだけの御用浜は存在しない。したがって、ウミガメが産卵に訪れる砂浜で研究を行うとなると、地元の人々との接触は避けられない。そこには様々な感情が渦巻いている。ウミガメを保護したい人、調査したい人、観光資源として利用したい人、等々。時に摩擦が生じる。これがウミガメという研究対象の特殊性である。研究だけに集中したい者には、ウミガメの産卵や孵化を扱うのは難しいかもしれない。ウミガメという目立つ生き物は、研究者だけの専有物ではないのである。

梅の里、南部

大学院修士課程一年の一九九七年は、まずは和歌山県南部町（現みなべ町）千里浜でアカウミガメの夜間産卵調査を体験することで、自らの研究課題を見つけようという感じだった。京都から南部まで、車で高速道路を使って約四時間。当時は南部の手前の御坊が高速道の終点だったが、最近では南部の先の田辺まで延伸したようだ。南部町では梅の生産が盛んで、梅園や加工場がたくさんある。ＪＲ南部駅から車で約十分走ると千里浜に至る。

千里浜は、本州では遠州灘に次ぐアカウミガメの産卵場である。ここでは地元の小学校の元校長先生である後藤　清さんが、上村　修さんと共に南部町ウミガメ研究班を作り、一九八一年から調査を行っていた（後藤・上村、一九九四）。一九九〇年から私の所属研究室と共同研究というかたちを取っていたが、後藤さんはウミガメに負荷をかけるような行為、例えばひっくり返して個体識別用の標識を付けたり、人工衛星用電波発信器を付けるために押さえ込んだりするのを嫌っていた。特に私が参加し始めた一九九〇年代後半は、産卵巣数が激減している時期だったので、氏は神経を尖らせていた。ある年には、カメに標識を付けることさえやめてくれと言われた。譲歩していると研究にならないので、折り合いをつけるのがなかなか大変だった。カメは無主物であるが、地元の人の感情は尊重しなければならない。ウミガメ研究の難しさは地元の人々との意思疎通である、と痛感した大学院時代であった。

所属研究室は、海洋生物に記録計や発信器を取り付けて行動生理・生態を調べるバイオテレメトリーという手法を売りにしていた。一九九七年に私が調査に参加するまでに南部で行われていた研究は、主に深度や温度の記録計をアカウミガメに取り付けて、産卵期の行動生理・生態を調べるというものだった（田中ら、一九九五：Sato *et al.*, 1998; Minamikawa *et al.*, 2000）。アカウミガメは一つの産卵期に約二週間毎に複数回の産卵を同じ砂浜で行うので、記録計装着後、約二週間経って砂浜をパトロールすれば、高い確率で記録計を付けたカメに出会し、記録計を回収することができる。記録計の回収を主な目的としつつ、産卵個体の識別や巣数を数えることも、後藤さんとの共同調査として行っていた（Sato *et al.*, 1997）。応用的に温度記録計を砂浜に埋めて、砂中温度環境が孵化幼体の性比、孵化率、及び巣からの脱出成功率等に及ぼす影響も調べていた（Matsuzawa

図1・2　千里浜

et al., 2002)。標本数は少なかったが、衛星追跡で成体雌の産卵期以後の回遊も調べていた（Sakamoto *et al.*, 1997)。衛星追跡の場合は、装着した電波発信器を記録計のように回収する必要はなく、人工衛星を介してデータが得られる。発信器は数年で自然脱落する。つまり私が入った頃には、「産卵期に」「南部で」できる研究は、大体やられていたことになる。産卵期以後の摂餌期や、南部以外の産卵地に目を向ける必要があった。ともあれ百聞は一見に如かずである。一九九七年は南部で若い肉体を躍動させた。

六月下旬から七月末までの六週間、産卵上陸してきたアカウミガメを見つけるために毎晩砂浜を歩いた。七月上旬までは梅雨で、曇天続きだが寒くはなかった。全長一・四キロメートルの名勝千里浜には、両端にある線路の高架や民家等の人工構造物を除いて、天然の砂浜が残されている（図1・2)。浜の中央にある千里観音の宿舎に本部を据えていた。千里観音は明治以前の神仏習合が色濃く残っている宗教施設で、一見しただけでは神社

図1・3　千里観音拝殿

なのか寺なのか判別できない（図1・3）。徳川家に縁があるのか、三つ葉葵の紋がついた馬の銅像が境内に建っている。千里観音から山門をくぐり、地蔵が建ち並ぶ坂道を下ると浜に出る（図1・4）。深夜に一人で坂道を上り下りする時は、何か不気味で背筋が冷たくなった。九字を切りながら地蔵前を横切った。

宿舎は、居室・台所・トイレが別れているバンガローである。冷房のある居室もあったが、経費削減のために冷房なしの居室を借りていた。扇風機で暑さに耐えた。長丁場での安眠を確保するために、車で京都から布団を持ち込んでいた。晴れた日には、汗だくになった布団を車の屋根等に載せて干した。週末や夏休みには、我々以外の人々も泊まりに来ていた。学校関係の団体が多かった。たまに長期滞在している我々が台所に置いていた食材や食器を、他の団体に間違って使われてしまうことがあり、悩ましかった。後藤さんにはよく自家製の梅干しや梅酒を差し入れていただいた。たまに地元のおじさんが現れて、世間話のついでに畑で取れた胡瓜や南瓜を置

図1·4　千里浜へと通じる坂道．地蔵が建ち並ぶ

いていってくれることもあった。台所からの排水は垂れ流しなので、よく屋外の排水パイプの下に、残飯目当てのアカテガニが群がっていた。気の早い奴はパイプを潜って屋内の流しにまで姿を現した。

トコブシ等を目当てに、密猟者らしき人々も千里観音を訪れていた。白昼堂々と潜って貝類を採集し、トイレ横の水道で水シャワーを浴びて、重たそうなクーラーボックスを車に積んで帰っていった。千里観音の敷地に「貝類採集は犯罪です」と書かれた高札が立っていたが、この行為が密漁に当たるのかどうか私には裁定できない。ある日、事件が起こった。「潜っとる間に車が置き引きにあったで。誰の仕業や」と、その貝類採集者の方々が息巻いていた。我々ウミガメ調査員にも疑いを抱く始末であった。「密猟者」

が警察を呼んで窃盗被害を報告しているという、有り得ない構図がおかしかった。千里観音の天罰じゃないのか？　神仏の前では品行方正に、という教訓かもしれない。実際、不特定多数の人間が訪れる千里観音周辺の治安が決して良かった訳ではない。私自身、屋外に置いていた傘を盗まれたことがあった。千里観音拝殿の賽銭箱を窺っている怪しいおじさんを見かけることもあった。出かける際に居室に鍵を掛けていなかったが、後年からは防犯のために施錠するようにした。

京都の農学部の地下で串本海中公園から譲られたアカウミガメ若齢個体を一頭飼っていたのだが、南部にいる間は世話できないので、一緒に連れてきていた。前任の飼育担当だった先輩に因んでＴＡＫＥＨＡＲＵと名付け、ウミガメ調査隊のマスコットとして可愛がっていた。千里観音のアカテガニを喜んで食べていた。運動不足解消のために、紐をつけて海で泳がせたりしていた。

たまに千里観音で捨て猫を見かけた。今まで労せずして食にありついていたのに、捨てられて自力で餌を見つけないといけないので、見るたびに痩せ衰えていた。餌付けすると我々の食材が危険に曝されるので放っておいた。豊富にいたアカテガニでも食べて無事生き延びたのだろうか。

宿舎には風呂がないため、調査を終えて明け方に水シャワーを浴びるか、夕方の買い出しのついでに温泉に行くかであった。千里浜でのウミガメ観察会の際に協力するということで、後藤さんのお取りなしで、国民宿舎紀州路みなべの温泉を毎日お借りしていた。千里浜近くにある紀州南部ロイヤルホテルの温泉を使わせていただいた年もあった。今思えばとても贅沢なことをさせていただいていた。洗濯機もなかったので、数日分の洗濯物を溜めて国民宿舎やロイヤルホテルのコインランドリーで洗っていた。夏場に汗だくの衣類を数日間放置していると橙色の黴が生え、洗濯しても色が落ちなかった。洗濯前に水通ししておくことが肝要であった。

夕方の食事は町の食堂で済ませ、深夜と昼の食事はスーパーマーケットで買ってきた食材で自炊することが多かった。食堂や国民宿舎のロビーにあったテレビや新聞を通して、世の中の動きに触れた。

夜の砂浜を歩く

毎晩二十時から朝四時まで、一時間毎に二人ずつ、千里浜中央の本部から浜の両端までパトロールに出かけた。アカウミガメの、上陸、前肢穴掘り、後肢穴掘り、産卵、後肢穴埋め、前肢穴埋め（カモフラージュ）、及び帰海という一連の産卵行動には約一時間かかるので、最低でも一時間に一回は同じ地点を見回るようにすれば産卵個体に遭遇できる。カメの上陸を発見したら無線で本部に連絡した。折り畳み式アンテナの、単三電池を六本使用する大きな無線機を使っていた。硬い折り畳み式アンテナを伸ばして夜の調査をしていると、アンテナを何かにぶつけてよく壊した。雷の時はアンテナを伸ばしたままだと非常に危険なので折り畳んだ。一時的に通信ができなくなった。色々と不具合があるので、後に柔らかくて短いホイップアンテナの無線機に買い替えた。無線で会話する際は、言葉遣いを特に注意する必要がある。感情的になると、聞くに堪えないやり取りの応酬になるのだ。努めて冷静に話さなければならない。

連絡を受けて本部から出てきた調査員が、産卵が半分ほど進んだカメの標準直甲長と直甲幅をノギスで測定した。標準直甲長は、頂甲板前部中央から臀甲板後端までの最大長である。直甲幅は、背甲横幅の最大長である。産卵後にプラスチック及び金属製の標識を両前肢付け根の鱗板間の皮膚に付けた。プラスチック標識を付ける際には、パンチャーで予め皮膚に穴を開ける。この際副次的に採れる肉片を遺伝子分析に用いることができる（後節参照）。カメによっては敏感な個体もいて、産卵中にノギスを当てただけで産卵を止めてしまう場合もある。カメは変温動物なので、暖かい七月中下旬には活動が活発になり、産卵に伴う一連の過程を一時間未満で終えることが稀にある。産卵跡だけが残されており、残念ながらその個体は識別できなかった。

運動靴を履いて砂浜を歩く人が多かったが、私は足袋を履いて歩いていた。思ったほど砂が内部に入って来ることもなく、裸足で砂を踏みしめているような感触である。非常に敏捷に歩けて、忍者気分である。カメに気付かれずに忍び寄るという点ではある意味正しい。しかし雨の日は水が滲みるし着脱が難しくなるので、長靴がいい。足袋は一シーズン使うと穴が開いてしまった。六月下旬からの調査なのでそれほど寒くはなく、皆ジャージを着て砂浜を歩いていた。

ウミガメ産卵個体は光を嫌うので、電灯の利用は最小限に留めた。パトロール時は波打ち際を無灯で歩いた。ウミガメの足跡を見つけたら、上陸か帰海かに関わらず、足跡に大きくS字や丸の印を付ける。その足跡が調査済みかどうかをすぐに見極めるためである。足跡の見つけやすさは潮の干満の影響を受ける。干潮時は波打ち際から足跡がそのまま残っているので分かりやすいが、満潮時は押し寄せる波で足跡が消されていくので分かり辛い。毎晩の潮の干満時刻を知るために、釣具屋で携帯潮見表を貰っていた。

普段、街中で生活していると月の満ち欠けや出入り等はあまり気にならないが、夜間のウミガメ産卵調査では大いに関係してくる。月が昇ると、まずウミガメそのものや足跡を見つけやすい。また満月だとウミガメは光を嫌い、月が没するまでなかなか上陸してこない。ごく稀に月食の日があるが、食に入った途端、立て続けに上陸してくる。それだけ産卵上陸が光の影響を受けているということである。見事な満月に照らされていると、歌い出したくなるほど気分が高揚する。実際、浜で奇声を発している酔漢がいた。街中では忘れられた月光の力を、夜浜を歩くと痛感するのである。月のない晴天の夜には、無数の星が煌き、乳の道が鮮明に現出した。普段は気にかけることのない星座をいくつも確認できた。逆に太陽に照らされた地球の光を、宇宙の彼方で数年後に感受したものである、という話を思い出した。今、目に届いている星の光は、何年も前に発せられたものであるかもしれない。同様に、ひょっとしたら既にこの世に存在していない星もあるのであろうか。十分に一回ぐらい星が流れた。人工衛星がゆっくり動いているのが視認できた。波打ち際を歩くと、今度は夜光虫が明滅し、別の銀河を表した。

調査をやりつつ、南部町からウミガメ保護監視業務を委託されていたので、千里浜でウミガメの産卵行動を阻害するようなことをしている人々がいれば注意して回った。先述の通り、産卵個体は光を嫌う。電灯を点けて浜を歩いたり、カメの写真を撮るためにフラッシュを焚くのはやめるようにお願いした。法的拘束力はないので、あくまで観察マナーのお願いである。聞き分けのいい人ばかりなら問題ないのだが、たまに逆切れする人がいてストレスが溜まった。そういう人は大抵酒が入っていて、吐く息が甘い。夜の闇が監視員と観光客の心を惑わし、どちらも感情的になるのだ。昼間の明るいうちにウミガメが産卵するのなら、皆どれだけストレスなしに産卵を観察できるのだろうといつも思う。

ある晩、砂浜を歩いていると、観光客が訪ねてきた。「カメ上がっとるんか?」「昨日は何頭産んでん?」と、初対面の若い男性にいきなりため口で聞かれた。軽い苛立ちを覚えながら返答し、その場をやり過ごした。後で先輩に聞いたところ、南部や白浜等の紀伊半島南部には敬語がないということだった。そういえば司馬遼太郎の『街道をゆく』に、紀伊半島南部の住民の先祖は漁労採集民で、己の腕一つで生きてきたから他者を敬う必要があまりなく、敬語が発達しなかった、というようなことが書かれていた気がする。

夜一人で砂浜を歩くのは、慣れないと怖いものがある。千里浜の北西隣に岩代浜という全長一キロメートル

図1・5　岩代浜

の砂浜がある（図1・5）。ここにもウミガメが産卵上陸してくるので、人員が足りている時に散発的に調査していた。この浜は基本的に一人で調査を行っていた。ある夜、岩代浜を歩いていると、波打ち際に長方形の大きな物体を認めた。人がすっぽり収まるほどの大きさだったので、遠目には棺桶のように見えた。当時未解決の殺人事件が世間を騒がせていたので、あらぬ妄想が頭の中をよぎった。死体が入っていたらどうしよう……、と恐る恐るその謎の物体に近づいた。何と正体は扉のない大きな冷蔵庫であった。中には何も入っておらず、胸を撫で下ろした。真夏の怪（珍？）事件であった。粗大ゴミは自治体の規則に従って捨てましょう。

この岩代浜の奥には通称梅酢川があった。梅加工後の廃水と思しきピンク色の液体が海へ垂れ流しなのである。都会では下水道が整っているのが普通だが、都会を離れると排水垂れ流しが普通だった。岩代浜で地元のヤンキーに会うことが何度かあった。夜中に甲長測定用の大きなノギスを持ち歩いている姿が大鎌を持った死神のように見えるらしく、最初かなり警戒された。話すことで打ち解けた。岩代浜では地元民がよくサーフィンをするらしく、波の状態を夜の散歩がてらに見に来たそうだ。しかしあのピンキーな液体が流れ込んだ海で……。地元民の彼らは承知の上だったのだろうか。「とても」を意味する南部方言「やにこう」を連発していたのが印象的だった。今では彼らも所帯を持って落ち着いていることだろう。やにこうピンキーに、いやハッピーに暮らしていることを願う。

夜の砂浜で幽霊よりも怖いのは雷である。目立つ物がない波打ち際では、人間が避雷針になってしまう。雷鳴や稲光を感じたらすぐに浜の上部へ待避する必要がある。幸い今に至るまで落雷を受けたことはない。桑原桑原……。夏場なので蚊にも悩まされる。虫除けスプレーを皮膚にかけ、蚊取り線香を腰から吊り下げて調査に出ていた。浜の蚊に刺されると、都会の蚊よりも痛く感じた。都会の蚊がチクと刺すならば、浜の蚊はブスという感じである。元気な奴は足袋の上からでも刺してきた。

夜明けと共に、無彩色だった周りの景色が色付き始める。たまに産卵が長引いて、明るくなっても浜で粘っているカメを見かけた。朝ガメと呼んでいた。フラッシュを焚かなくていいので、写真取り放題である。よく調査の手伝いに来てくれていたO氏が、「『浦島太郎』で子供達に苛められていたカメって、きっとこういう朝ガメだったんだろう」と言っていたのが記憶に残り、以後、「浦島太郎＝アカウミガメ産卵個体の話」という図式が私の頭の中に刷り込まれた。

一九九七年はカメの上陸頭数もそれほど多くはなく、調査員も足りていた。また夜間調査以外の時間は自由だったので、六週間休みなしでもそれほど辛くはなかった。千里浜の沖では海面から岩礁が覗いており、よく生物観察しにそこまで泳いでものである。夜の調査を終えて明け方寝て、昼過ぎに起きるので、午後の日差しはそれほど強くなく、サンオイルを塗ってもあまりこんがり焼けなかった。ブーメランビキニパンツを穿いた自由人のO氏は、午前中から焼いていたのか真っ黒になっていた。O氏は持参したアフリカ土産（？）のドラムを軽快に素手で叩いて、野生に還っていた。現場で一通り夜間産卵調査を体験したが、何か新しい研究課題をひらめくということはなかった。

「二つの竜宮城」仮説

帰京してTAKEHARUを農学部地下の水槽へ戻したら、あからさまに元気がなくなり始めた。南部にいた四十二日間は水の循環を止めていたので、水が腐っていたのだ。慌てて水を替えたら回復した。翌年以降は水の循環を止めずに南部へ行くことにした。海水の塩分は三・五％ぐらいだが、経費節約のため、あまり塩を入れていなかった。そのため実験用の淡水魚であるティラピアと水槽で共生していた。ティラピアは海洋生物生産利用学分野の木下政人さんが入れていたのだ。野外でウミガメが素早く動く生きた魚を食べることは不可能に近いが、TAKEHARUはティラピアを食べていた。閉鎖環境だから為せる業なのだろうか。ティラピア以外に淡水ガメ用のペレットを与えていた。TAKEHARUは人が水槽に近づくと餌をくれると学習しており、激しく四肢を動かして寄ってきた。餌と共に飲み込んだ水を鼻から吹き出す仕草が何とも愛らしかった。

京都での研究生活を再開した。木下さんの下で遺伝子分析を習いつつ、独自の研究課題を模索した。南部で標識を付けたアカウミガメの再捕データを調べていて、あることに気付いた。産卵後に向かう先は主に東シナ海であるが、紀伊半島近辺でも冬に標識再捕報告があった。また東シナ海で再捕された個体は日本列島沿岸で再捕された個体よりも体サイズが大きかった。もしかしたら産卵場が同じでも餌場が大きく異なる個体がいるのではないか？　餌場が違うと体サイズが違うのかも？　衛星追跡だけだとお金がかかりすぎて標本数を増やすのが難しいが、何らかのマーカーを用いて餌場の違いを検出できないだろうか？　当時、琵琶湖のほとりにある京都大学生態学研究センターの和田英太郎先生のもとで、安定同位体分析を用いてビワコオオナマズの集団構造を調べている先輩が研究室にいた。ビワコオオナマズが、琵琶湖の北湖と南湖を行き来するような大回遊をしているのか、それとも各々の水域に定着しているのかを調べていた。琵琶湖の北湖と南湖では主な餌であるブルーギルの同位体組成が大きく異なるので、それを利用していた。同位体分析を教えてもらい、ウミガメの餌場判別に応用できないか試してみることにした。

　安定同位体を用いた食性解析について簡単に説明しよう。中学高校の化学の教科書を紐解けば思い出すが、同位体とは、原子番号が同じで質量数が異なる原子である。別の言い方をすれば、陽子数は等しいが中性子数が異なる原子である。ほとんどの元素は同位体の混合物である。同位体には、放射能を持つ放射性同位体と、放射能を持たない安定同位体がある。安定同位体分析で対象とするのは、もちろん安定同位体のみである。元素における安定同位体の存在比を、安定同位体比という。試料を燃やして気体にし、元素分析計と接続した質量分析計で安定同位体比を測定する。厳密には、国際標準試料の安定同位体比からの、分析試料の安定同位体比の偏差で表され、δ（デルタ）の記号を用いる。炭素の安定同位体比$^{13}C/^{12}C$と窒素の安定同位体比$^{15}N/^{14}N$がよく用いられ、各々$\delta^{13}C$と$\delta^{15}N$で表される。単位は‰（パーミル：千分率）である。捕食者の安定同位体比には、餌のそれを一定の割合で濃縮し反映する性質がある。故に餌の安定同位体比が大きく異なれば、捕食者の安定同位体比も大きく異なる。捕食者と餌の安定同位体比を比較することで、その捕食者が主にどの餌を食べていたのかを推定できる。餌の生息域が違うのであれば、捕食者の移動・回遊を間接的に知ることができる。

一九九八年の修士課程二年の夏に、千里浜でアカウミガメから安定同位体分析用の試料を採取した。南部町からウミガメ保護監視業務を委託されて、この年は例年より早く、六月上旬に専門学校生と共に南部入りした記憶がある。動物の安定同位体比を測る場合、一般には筋肉や血液を用いる。標識をカメの前肢に付ける際に副次的に採れる肉片を試してみたが、脂肪分が多いのか粘り気があり、うまく測定用の粉末にできなかった。カメから血液を採取するにもそれなりに技術を要する。そこで採取が容易な卵を用いることにした。

アカウミガメは一回に約百個の卵を産み、一産卵期に複数回の産卵を約二週間毎に行うので、まずは同一個体内での卵の安定同位体比の変動を調べる必要がある。卵塊内及び間で卵黄のδ^{13}C・δ^{15}Nはほとんど変動していなかったので、いつ産み落とされた卵であれ、一個あればその産卵雌の同位体比を代表できることが分かった。個体間でみると、明らかに同位体比が違う群が二つ出てくることが分かった。δ^{13}Cで二‰、δ^{15}Nで三‰ほど違っていた。そして同位体比が低い個体は体サイズが小さく、高い個体は体サイズが大きかった。当時この結果を京都大学生態学研究センターの質量分析計が弾き出したのを見た時、「やった、センター前ヒットだ！」と歓喜したものだが、今でもこの発見に基づいて研究を続けていることからすれば、場外ホームランだったと言えるかもしれない。しかしこの一九九八年は千里浜での年間産卵巣数がたったの二十九と過去最低の年だった。一週間砂浜を歩いて、ようやくカメ一頭に出会したというような状態だった。分析できた産卵個体数が十二とあまりに少なかった。標本数を増やして、同じように二群が出てくるのか検証する必要があった。そこで翌年は千里浜だけでなく、北太平洋最大のアカウミガメの産卵場である屋久島永田浜でも標本採取を行うことにした。

一九九八年の南部での出来事をいくつか記す。調査の合間に机仕事をやろうと、重たいブラウン管のデスクトップパソコンを車に積んで持ち込んでいた。特定非営利活動（ＮＰＯ）法人日本ウミガメ協議会が発行するうみがめニュースレター用の原稿を書いたぐらいで、他にさしたる用途には使わなかった。千里観音ではネットに接続できる環境が整っていなかった。

研究室のＯＢが手伝いに来てくれていた。漁労採集好きのこの方が、ＪＲの線路下を通って千里浜に流れ込んでいる溝川に、釣り針を仕掛けていた。ウナギが掛かった。蒲焼きにするために、塩でぬめりを取り、まな板に頭部を釘で打ち付けて、腹を割いた時のことである。黒いシジミみたいな物が出てきた。よく見るとセミの胴体だった。ウナギは何でも食べるということが分かった。溝川育ちのウナギの蒲焼きは、泥臭くもなく美味しかった。

鯨好きのこのＯＢに促されて、太地町にあるくじらの博物館を訪れることもあった。太地町は紀伊半島の反対側にあるので、南部から結構な距離を車で走った。太地よりもさらに先の和歌山と三重の県境にある三重県紀宝町で、ウミガメフェスタという一般向けの催しもあった。後藤さんと共に、田辺と新宮の山間部を縫う熊野参詣道である、中辺路に沿って往来した記憶がある。

京都にいる間に、淡水ガメの爪の横断面に年輪ができるという論文（Thomas *et al.*, 1997）を見つけていた。ＴＡＫＥＨＡＲＵの後肢の爪を切ると何となく輪紋のようなものが見えたので、南部の産卵個体でも試してみることにした。産卵を終えた個体をひっくり返して、電動カッターで後肢の爪の先端を切断した。出血があったので、個体に対する負荷を考え、その後はやめることにした。ＴＡＫＥＨＡＲＵの爪は数ヶ月後には戻っていた気がする。南部の産卵個体で試す前に、漂着死体の爪を遠州灘に集めに行ったこともある。研究室から応援を二人頼んでの、一日がかりの仕事だった。表浜ネットワークの加藤　弘さんに死体を埋めた場所を教えてもらい、スコップで掘り出した。二〜三頭分の爪を集めたろうか。帰りに高速道路を運転中、速度取り締まり機が前方上部で赤く光った気がしたが、後に警察からのお咎めはなく安堵した。爪の断面を研磨して微量元素分析にかけたりしたが、結局輪紋を認めるまでには至らなかった。そのままこの「爪で夢を見ようプロジェクト」はうやむやに終わった気がする。

カメフジツボにも凝っていた。カメフジツボとは、ウミガメに特異的に付着する大きなフジツボである。このフジツボの、殻の酸素・炭素安定同位体比を連続的に測ることで、ウミガメの外洋と汽水域の間の移動履歴が分かるという論文（Killingley and Lutcavage, 1983）があったので、真似してみることにした。南部で、スクレイパーを用いてアカウミガメ産卵個体からカメフジツボを剝がした。電動ドリルで殻を削って、同位体比測定用の試料を集めた。結局、粉末試料を溶かして同位体比を測るための気体を作るのがややこしく、殻の同位体比測定は諦めた。殻内部にある軟体部の$\delta^{13}C$・$\delta^{15}N$に関しては、卵黄のそれと同じように測れた。しかし値は出たが、どう解釈していいのか分からなかった。この「寄生虫から宿主を知ろうプロジェクト」も立ち消えになった。若い頃は、とにかく次に繋がりそうな発見を求めて、色々と試みた。こうした全ての試みが学術論文として出版に至り、日の目を見ている訳ではない。水面下には、試行錯誤の夢の跡が沈積しているのである。

修士課程の頃は、京都にいる間、生活費を稼ぐためにアルバイトをしていた。学校の近くにあった学生相談所で紹介を受け、一年の頃は、京都市内の病院で、深夜や休日の救急患者の受付事務を行っていた。救急患者が受け入れを断られて、何軒かの病院を救急車でたらい回しになっている間に亡くなったという事件がよく報道されるが、まさにその通りだった。救急患者は対処が難しく、何かあった時に訴えられたりするので、どこも受け入れたがらないようだった。社会の実情を垣間見た気がする。二年の頃は、家の近所のホテルで、朝食の給仕のアルバイトをしていた。Yシャツに蝶ネクタイを締め、ベストを着て仕事をしていた。週二〜三日の、登校前の短時間労働だったので、大した金額にはならなかったが、賄い付きなのが嬉しかった。朝働くと、その日一日、体の動きが良かった気がする。社会と接したという点では、やって良かったのかもしれない。ここで知り合ったアルバイトの学生に、翌年度の南部での衛星用電波発信器の装着を手伝いに来てもらった。こちらが交通費を払うということで、特急のグリーン車で南部までやって来た豪の者だった。博士課程の三年間に関しては、幸い日本学術振興会特別研究員に採用されていたので、アルバイトをする必要もなく、研究のみに専念できた。

水の島、屋久島

一九九八年秋に屋久島永田で、日本ウミガメ協議会が主催する第九回日本ウミガメ会議があり、研究発表のために初めて来島した。会議の最終日にマイクロバスによる屋久島一周ツアーがあった。時計回りに一周して、最後に西部林道から望んだ永田浜は白く輝いて美しかった。一晩にカメが数頭しか上がらない南部と比べ、何十頭も上がってくる光景はきっと壮観なんだろうと思った。

翌春、共同研究のために再上陸した。屋久島で三週間調査した後、一週間空けて六週間南部調査を行うという、「屋久島 - 南部一人時間差」となる、超強行日程を組んでいた。京都から車で行った。大阪 - 宮崎間と、

図1･6　いなか浜

鹿児島－屋久島間は、フェリーである。途中、日本で二番目にアカウミガメの産卵が多い、宮崎の海岸を視察した。また大学時代の友人が鹿児島に住んでいたので、屋久島調査前後に泊めてもらった。

屋久島永田浜では、ぐぁば農園を営む大牟田一美さんが、一九八五年から屋久島ウミガメ研究会（現NPO法人屋久島うみがめ館）を率いて、ウミガメの保護調査活動を行っている（大牟田、一九九七：大牟田・熊澤、二〇一一）。ウミガメそのものというよりも、ウミガメが産卵に訪れる美しい砂浜を開発行為から守ろうという強い一念で活動を始められた。大牟田夫人である法子さんが事務局を担当しておられる。永田浜は、いなか浜（全長一キロメートル）、前浜（〇・九キロ）、及び四ツ瀬浜（〇・二キロ）の、主に三つの浜から成る。いなか浜が最も自然の状態で残されている（図1・6）。駐車場が整備されており、よく観光客が立ち寄っている。永田川河口にある前浜は、堤防が築かれているため砂浜の幅が狭く、産卵上陸してきたカメが堤防にぶつかって海に帰っ

図1・7　前浜．永田川河口から望む

てしまうことが頻繁にある（図1・7）。前浜の上陸頭数に対する産卵巣数の割合である産卵率は、いなか浜に比べ非常に低い。四ツ瀬浜に至るには、県道から険しい山道を下る必要があるため、訪れる人は稀である。たまにガイドがお客さんを連れてカメを見に夜現れる。プライベートビーチ感覚で、昼間泳いでいる家族連れもいる。四ツ瀬浜の真ん中には突堤が築かれている。

日本で最もアカウミガメの産卵が多いこともあり、調査は過酷である。毎晩二十一時から明け方五時まで、浜に出ずっぱりで調査を行う。南部町千里浜では本部に戻って休憩や夜食をとることができたが、屋久島ではカメが多すぎて戻っている暇がない。調査員は皆、調査道具である無線、調査票、ノギス、標識装着器具等と、食料であるおにぎりやぐぁば茶等を持って浜を歩く。屋久島では、標識をカメの前肢付け根にある鱗板上に付けていた。南部よりもウミガメ保護意識が高く、電灯には目張りをして余分な光が漏れないように絞っていた。繰り返し使える充電池を用いて、廃棄物の量を抑えていた。明け方に浜で、ゴミや大牟田家の五右衛門風呂に使う薪を拾ったりした。

九州最高峰の二千メートル級の山々が聳える「洋上のアルプス」屋久島には、一ヶ月に三十五日雨が降ると言われる。水不足になることはまずないが、雨の中の調査が多い。一九九九年は初めての屋久島調査だったので、南国で暖かいのだろうと高を括って、カッパを用意していなかった。長靴もなく、足袋しか持参していなかった。しかし私が調査に参加した五月下旬から六月上旬の雨は無情にも冷たく、新参者の体温を容赦なく奪い、気力を挫いた。まさに洗礼であった。これに懲りて、最近この時期の雨の中の調査は、カッパの下に一ミリのウェットスーツを着込んで行っている。調査後に蒸れて肌が痒くなるものの、体を冷やさずに朝まで気力を維持できる。

虫にも悩まされる。蚊はもちろんのこと、通称ハマムシという変な物質を出す虫がいる。この物質に触れると痒くなり、掻いていると葡萄(デラウェア)の実ぐらいの大きさの水膨れができてしまう。焼いた針で水膨れを突いて、膿を出せばすぐに治る。ヤマビルもいる。尺取り虫のように見える。血を吸われても痛くも痒くもないので、ヒルに憑かれたことさえ気付かない。血を吸って何倍にも膨らんだ姿を見ると、身の毛もよだつ。吸われると、傷口からの出血がしばらく止まらないので要注意だ。

調査が終わって就寝し、昼に起きて前夜の調査票の清書をする。カメが多いので清書に時間がかかり、気付いたら日が暮れている。再び調査が始まる。炊事・洗濯・掃除等は自分達で分担して行うので、自由時間などほとんどない禁欲的な生活が毎日続く。テレビや新聞を見ることもなく、当時はスマートフォンもなかったので、滞在中は世の中の動きに疎かった。しかし普段、否応なく情報洪水の中を生きているので、たまには余分な情報を浴びず、自然との対話で生活を送るのもいいんじゃないかという気もした。

南部では大学の研究室主体でウミガメ調査を行っていたので、研究とは関係ない一般のボランティアの方々と共にカメ調査をするのは初めてだった。当時、屋久島うみがめ館のボランティア宿舎、通称かめハウスに、私を含めて男性二人、女性四人が滞在していた。何事も初めてで勝手が分からず、色々と御迷惑をお掛けした。長期調査での疲労を軽減するために南部へ布団を持ち込んでいたように、屋久島へも京都から遠路はるばる、かさ張る布団を車に積んで持参していた。布団でかめハウスの結構な空間を占有してしまった。この年以降は車で来島していないので、寝袋とマットを持参している。かめハウスからの排水は千里観音同様、海へ直接流れ込む。故に自然に優しい洗剤の使用が督励されている。さすがにトイレは垂れ流しではなく、和式汲み取りである。

ある晩、雨が酷くなったので、かめハウスに戻ってしばらく待機しようということになった。大牟田さんに、カメフジツボを採ってきたから、地元の芋焼酎のつまみに生で食ってみろと言われた。生食とは野趣に富む食べ方ですなあと感心しつつ、口に含んだ。甲殻類だけあってエビ・カニの味がして、普通に旨かった。その後、お腹を壊すという落ちはなかった。

「アカウミガメの鼻は犬の鼻に似ている」と誰かが言っていたので、触ってみた。確かに柔らかくて濡れており、犬の鼻のようだった。ちなみに言うと、アカウミガメの前には極力立たない方がいい。不意に噛みつかれることがあるので。特に標識を付ける際には、痛がって口を開けて威嚇してくるので注意が必要だ。噛まれると大怪我をする。実際、大牟田さんはかつて足を噛まれ、しばらく松葉杖生活を余儀なくされていた。頭の小さいアオウミガメに噛まれたという話はあまり聞かない。また上陸してきたウミガメは涙を流しているが、お産が辛くて泣いている訳ではない。あれは塩類腺から排出された余剰な塩分である。海にいる間は常に分泌されているので、陸に上がると泣いているように見えるのだ。舐めると多分しょっぱいんだろうが、ねっとりしていてあまり舐めようという気にならない。

永田浜では植生によくヤクシカが現れる。草食性の牛にも岩塩を与えるぐらいなので、塩気を求めて浜の植物でも食べに下りてくるのだろうか。夜の浜で初めて黒い影を見た時、野犬か何かかと思い、ノギスを握って身構えた。その影は甲高く鳴いて去っていったので、ヤクシカだと分かり安堵した。ヤクシカと並んで屋久島を代表する哺乳類であるヤクザルに関しては、浜で見かけることはない。南部の星空も綺麗だが、屋久島のそれも負けず劣らず美しい。時折、蛍や夜光虫が明滅し、闇への畏怖を和らげる。

ボランティアの方々に、安定同位体分析用の卵と遺伝子分析用の肉片の採集に協力していただいた。六月上旬に調査を終えるまでに、百個体を超える卵と六十個体を超える肉片を得ることができた。大漁で意気揚々と屋久島を発ち、遺伝子分析用肉片の採取に御協力いただいていた、鹿児島大学ウミガメ研究会の方々と、宮崎野生動物研究会の中島義人さんに、御挨拶しながら帰京した。

人事を尽くして天命を待つ

屋久島から京都へ戻って、中一週間で南部入りなので、休んでいる暇がなかった。前年度をもって先輩が研究室を去ったので、この一九九九年から私が南部の現場責任者になった。この年は引き続き同位体分析用の卵採取と、新たに衛星追跡を行った。卵は三十二個体から採取した。後藤さんから、衛星用電波発信器の装着は人目に付かない岩代浜のみでやってくれという要求があり、装着用の五頭を確保するのに苦労した。岩代浜は

図1・8　アカウミガメ産卵個体への衛星用電波発信器の装着風景．岩代浜にて

千里浜よりもカメの上陸が少ないのだ。千里観音から浜へ通じる坂道を降りたところにある、千里王子神社の入口に建つ、千里安産観音像に張られた蜘蛛の巣を払ったりして、毎日無事に発信器を付けられるように祈りを捧げていた。祈りが天に通じたのか、何とか予定通り調査を全うすることができた。

発信器装着の前には体重測定を行っていた。ひっくり返したカメを網で包んで、丈夫な竹の棒に巻き付けた秤で吊った。この竹は、調査隊ＯＢが京都の竹林から厳選したという、由緒正しき棒であった。軽くて丈夫という、竹の性能を遺憾なく発揮していた。車の屋根の前後に、磁石直脱式のスキーキャリアを二つ載せ、それに竹の棒を括り付けて運んでいた。四人がかりで竹の棒を持ち上げてカメを吊り、秤の目盛りを読んだ。小さい個体で六十キロ台、大きい個体は百キロを超えていた。その後、逆さにしたビールケースの上にカメを載せて、カメの後ろと左右に一人ずつ人員を配置し、動きを押さえた（図１・８）。背甲に付いた砂をウエスで落とした。藻が付いている場合は、スクレイパーで除去した。接着剤が簡単に剝がれないように、紙ヤスリで背甲を擦って凹凸を刻んだ。発信器を装着する第二椎甲板付近にエタノールをかけて拭き取り、水分を飛ばした。金属用エポキシパテで土手を作り、速硬化型の二液混合エポキシ系接着剤を流し込んだ。帯状のガラスクロスをかけて接着を補強した。接着剤を乾かすために、装着後約一時間はそのままカメを押さえていた。雨の日は、工事用のブルーシートを被って作業した。放流時には、カメの頭に手を当てて、「頼むぞ」と衛星追跡の成功を願った。「ひっくり返して背中に変な物を付けておきながら、何勝手なこと言っているんだ！」という、カメの心の声が聞こえた気がする。ウミガメ類は潜頸類であるが、頭は甲羅の中に収まらない。少し首を引っ込めて、そそくさと波に消えた。

衛星追跡の原理を簡単に説明する。各国の宇宙機関の協力で運営されている、アルゴスシステムを利用する。カメが呼吸のために水面に浮上すると、背中に付いた発信器から電波が送信される。北極と南極を通過する軌道である極軌道を周回するアルゴス衛星が、当該地域通過中に電波を受信して、地上局へ情報を伝える。衛星通過中の受信回数が多いほど測位精度が高まる。位置クラスは高い順に、三、二、一、ゼロ、A、B、Zから成る。三、二、一はそれぞれ百五十メートル未満、三百五十メートル未満、一キロ未満の位置精度である。残りの四つに関しては、位置精度は決まらない。最近では、GPS（Global Positioning System：全地球測位システム）受信器が組み込まれたアルゴス発信器が開発され、より高い精度で測位できるようになっている。これは、カメが水面浮上時にGPS受信器で測位し、その位置データをアルゴス衛星へ送信する仕組みになっている。利用者は処理センターのサーバへアクセスしてデータを取得する。

この年は奇妙な出来事が続いた。コバンザメを背甲に付けたアカウミガメが産卵上陸してきたり、アオウミ

図1・9　漂着したアオウミガメ若齢個体の解剖風景．素手で解剖したため，後に皮膚科で診てもらうほど手が荒れた

ガメ若齢個体の死体が漂着したりした。死体は全体的に白くなっていたので、死後しばらく経っているようだった。解剖すると（図1・9）、赤い海藻が消化管に大量に詰まっていた。ゴミも少量混じっていた。目立った外傷もなく、死因は不明だった。素手で解剖したので、胃液等を諸に浴びて、皮膚科で診てもらうほど手が荒れた。今後は手袋を着けて死体の解剖をしようと痛感した。また解剖に用いた十徳ナイフに付いた臭いを取ろうと、鍋の中で煮沸消毒していたら、プラスチックの鞘が熱で変形してしまった。父から貰ったスイス製の本格的なものだったのだが……。

当時はまだスマホという文明の利器がなかったので、現場で電子メールのやりとりをするのに難儀した。中古のノートパソコンを購入した。現場にいる時だけプロバイダと契約し、灰色の公衆電話とノートパソコンをケーブルで繋いで、電子メールをやりとりしていた。南部駅前と、線路を跨ぐ高架道路の側にしか、この灰色の公衆電話がなかったので、わざわざ重いノートパソコンをそこまで持っていく必要があった。高架道路には猛スピードで車が走っており、轢かれそうで危険だった。ちなみにこのノートパソコンを屋久島にも持っていったのであるが、永田で灰色の公衆電話を見かけなかったため、わざわざ永田から車で約四十分離れた宮之浦港へ行き、メールのやりとりをした記憶がある。今思えば、現場でここまでしてメールのやりとりをする必要があったのかなという気がする。しかし僅かながらも重要な連絡の伝達はあった。屋久島に行く前だったろうか。アリゾナ大の爬虫類研究者から、妻と日本に滞在中の息子と三人で、千里浜を訪れたいというメールが来た。御一行を案内することにした。我々の南部入りと同じ日に合わせて来たので、千里観音での調査環境の立ち上げもあり、何かと慌ただしかった。結局この中古のノートパソコンはすぐに壊れた。以後、電子機器を中古で買うのは控えようと思った。

研究室のOBが南部へ訪ねてくることが多かった。研究室では、所属学生をウミガメ調査の助っ人に、一週間交替ぐらいで駆り出していたので、大抵のOBはカメ調査を経験していた。皆懐かしがって遊びにくるのだ。あるOBからバーベキューしたいので七輪と炭を用意しておくようにという要求があったので、わざわざ渋滞の中、隣町の田辺にあるホームセンターまで買いに行った。苦労して手に入れた七輪は一回しか使われなかった。飽きっぽい御仁である。また坂本先生が、学部生対象のゼミ実習を南部でやるからと、十人ほど学生を連れてやってきた。夜のカメ調査を体験後、朝一の電車で帰るとのことだった。研究室の後輩が車で調査の助っ人に来てくれていたのだが、明け方に飲んで既に赤ら顔になっていた。やむなく私一人で、千里観音と南部駅の間を三往復する羽目になった。人事を尽くして天命を待つ日々であった。

餌生物を求めて北へ南へ

京都へ帰って、屋久島と南部で採ってきた卵の安定同位体分析を行った。前年同様、おおよそ二群に分かれ、δ^{13}C・δ^{15}N の低い群ほど体サイズが小さく、高い群ほど体サイズが大きかった（図1・10）。当初はこの二群は東シナ海と日本列島沿岸の餌場の違いに起因していると作業仮説を立てていたが、同時に行ったアカウミガメ産卵個体の衛星追跡で、浅海の東シナ海に行く大型個体と、黒潮に沿って外洋の太平洋へ行く小型個体がいることが分かった（図1・11）。東シナ海へ行った個体の同位体比は高く、太平洋へ行った個体の同位体比は低かった。故にこの同位体比の違いは、浅海の東シナ海陸棚や日本列島沿岸で主に食べている貝やカニ等の底生動物と、外洋の太平洋で主に食べているクラゲ等の浮遊生物に起因しているのではないかと思われた。当時、各海域における当該生物の δ^{13}C・δ^{15}N を測った文献がまだなかった。そこで実際に各海域に行って餌候補生物を採取し、自ら同位体比を測ることにした。

三陸沖の外洋太平洋の浮遊生物と、東シナ海陸棚縁辺部の底生動物は、調査船に便乗して採集した。十一月下旬の三陸沖調査は塩竈出入港だった。多段開閉式プランクトンネットを用いて浮遊生物を採集していた。東北大学の大学院生達と御一緒した。標本数は少なかったが、クラゲやサルパ等のゼラチン質の浮遊生物を得ることができた。下船後、疲れを癒すために仙台近郊の秋保温泉へ立ち寄った。仙台から路線バスで片道一時間半ほどかかったので、帰りは湯冷めした。一月下旬から二月上旬の東シナ海陸棚調査は、長崎から乗船し、途中沖縄島の糸満へ寄港して、宮古島で下船した。底引き網で陸棚の底生動物を採集していた。調査定点が多かったこともあり、大量の甲殻類や軟体動物を得られた。食用のお土産に、マナガツオやマトウダイ等の珍しい魚を頂いた。

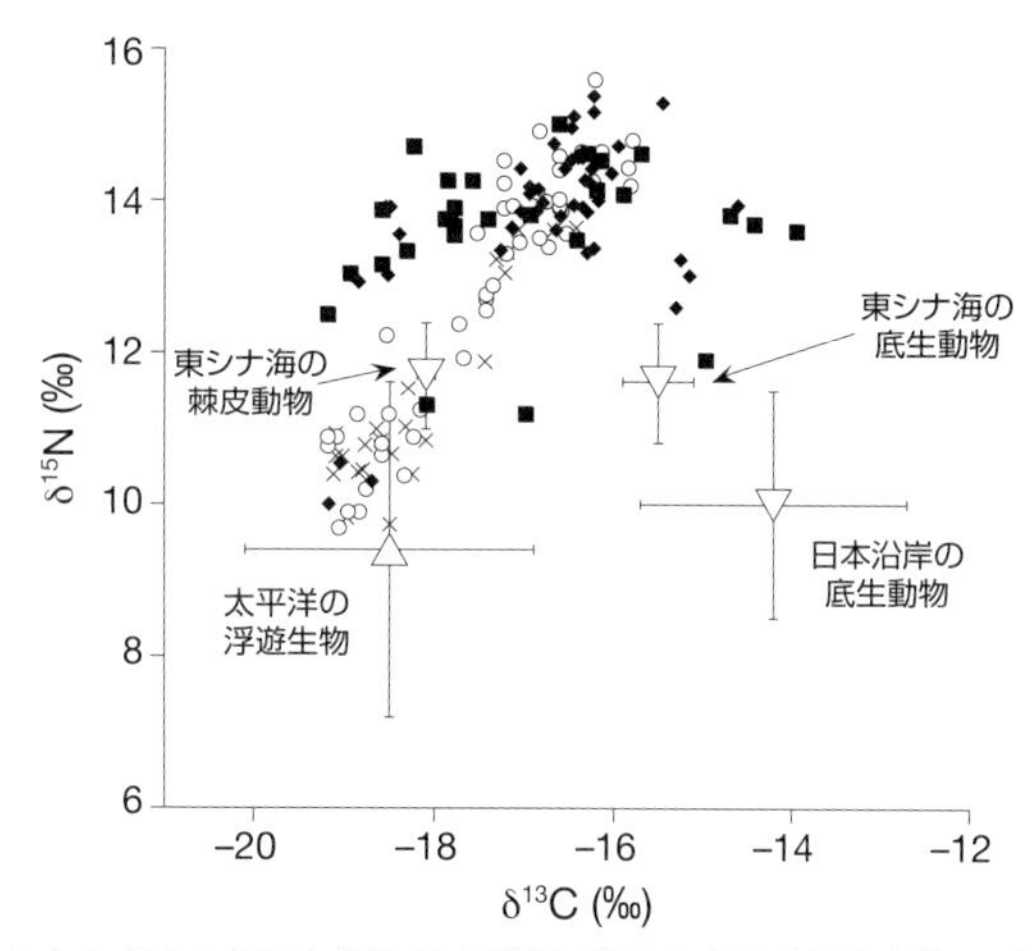

図1・10　アカウミガメの卵黄と餌生物の炭素・窒素安定同位体比($\delta^{13}C$・$\delta^{15}N$) (Hatase *et al.*, 2002d より改変). 149個体の卵を和歌山県南部町と屋久島で採取した. 1つのプロットが1個体の卵の同位体比を示している. 標準直甲長で4群に分けている;×:<800 mm;○:800-850 mm;◆:850-900 mm;■:≥900 mm. 群間で同位体比に有意な違いが見られる (多変量分散分析, $p<0.0001$). 餌生物の値は平均と標準偏差(大きいシンボル[△:浮遊生物;▽:底生動物]とエラーバー) で表されている. 東シナ海の底生動物のうち, 棘皮動物のみ$\delta^{13}C$が低かった. 卵黄と餌生物の間の$\delta^{13}C$・$\delta^{15}N$の濃縮率 (分別係数) を各々約1‰ (DeNiro and Epstein, 1978), 3-4‰ (Minagawa and Wada, 1984) とすると, $\delta^{13}C$が<-18‰かつ$\delta^{15}N$が<12‰の卵黄をもつ個体の主食は外洋の浮遊生物, $\delta^{13}C$が≥-18‰または$\delta^{15}N$が≥12‰の卵黄をもつ個体の主食は浅海の底生動物であると推定される

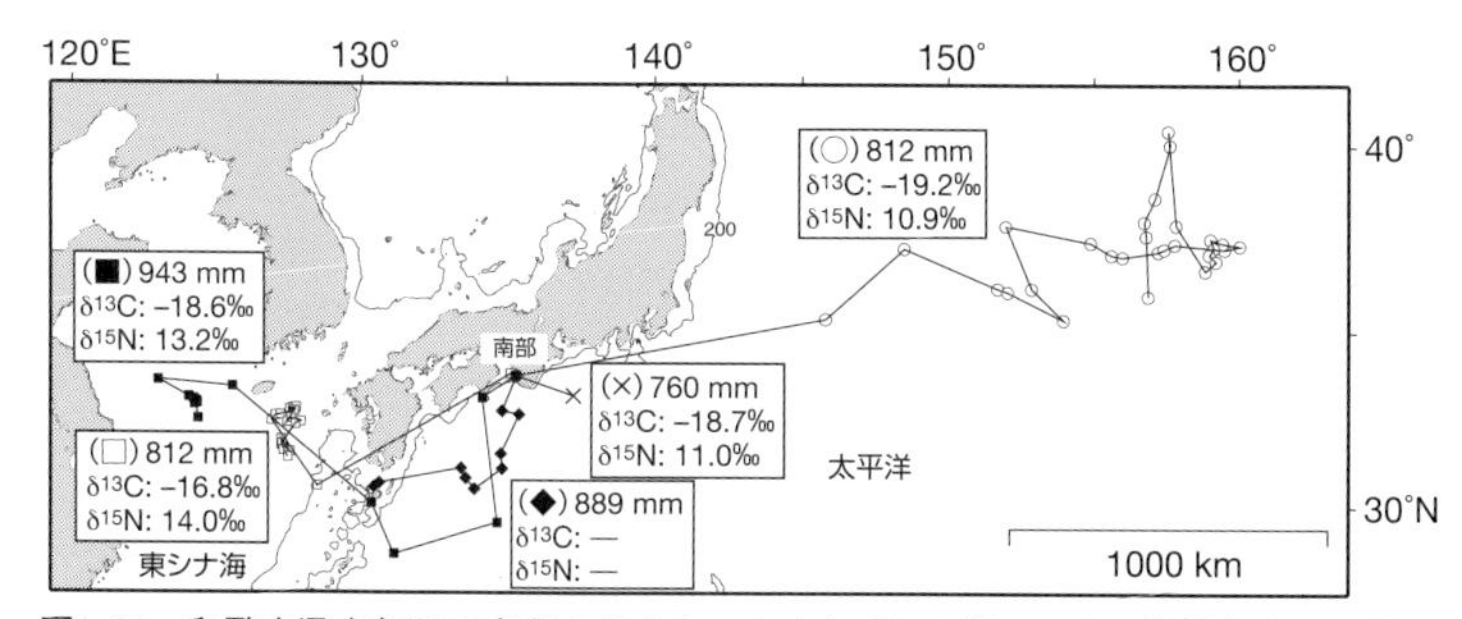

図1・11　和歌山県南部町で産卵を終えたアカウミガメ5頭の, 人工衛星を介して調べられた回遊経路(Hatase *et al.*, 2002d より改変). 等深線:200 m. 各個体の標準直甲長と卵黄の炭素・窒素安定同位体比($\delta^{13}C$・$\delta^{15}N$)も示されている. $\delta^{13}C$と$\delta^{15}N$から推察された, 外洋へ向かった2個体の産卵前の主食は外洋の浮遊生物, 浅海へ向かった2個体のそれは浅海の底生動物であった(図1・10参照)

三陸沖と東シナ海、どちらにおいても、ウミガメが捕獲できれば、吐かせて胃内容物を調べる予定だったが、残念ながら一頭も捕まらなかった。しかし東シナ海では、底引き網にウミガメの肋骨板がいくつか入っていた。船員さんは沖縄の人達だったので、「ソーキが取れたさー！」と大喜びだった。東シナ海陸棚はアカウミガメの主要な餌場なので、そこに骸が転がっていてもおかしくはない。どちらの海でも多少船酔いしたが、調査に支障を来すことはなかった。餌生物の標本は冷凍して京都へ送った。長崎乗船前に、九州大学のポスドクの方に、丸山のスナックへ連れて行ってもらうことがあった。そこで貰ったチーママの名刺は今でも記念に保管してある。私の人生で数少ない水商売体験であった。寄港した沖縄島では、船員さんの御宅や砂浜で御馳走に与った。小瓶ビールの栓は、栓抜きがなくても、手で捻れば開けられることを知った。琉球大学や沖縄美ら海水族館等を訪れて、気分を転換した。途中立ち寄った食堂で、ソーキそばに島とうがらしを入れて食べると美味だった。船で取れたウミガメの肋骨板を思い出した。下船した宮古島では、博物館を訪れた。宮古島は、起伏の少ない離島なのに、水不足にならないという話を聞いた。地下にダムを建設して、水を溜めているそうだ。

あとは日本列島沿岸の底生動物の収集である。地元の漁師さんに標本採取のお願いをする際に、どういった手順で話を持っていけばいいのか、研究室にそうした交渉方法の蓄積がなかった。自分で考えて勝手にやれという状態であった。今思うと無計画極まりないのであるが、面会予約もせずに車で現地へいきなり乗り込み、地元の漁師さんに頼み込んだ。場所によっては、全く相手にされなかった。宿も決めてなかったので、日が暮れてきたら気が焦った。こういう時に事故るんじゃないかと、我ながら思った。

旅の途中、三浦半島先端にある、城ヶ島のユースホステルに立ち寄ることがあった。百人ぐらい収容できる立派な公営施設であったが、十二月初めに私が泊まった時には、他に一人しか客がいなかった。最近ネットで調べたら、残念ながら経営難で、二〇〇三年に閉鎖したそうだ。ペアレントの親爺さんが話し好きだった。「ウミガメの研究で各地を回ってます」と伝えたら、「夢を持つことはいいことだよな」と言われたのが印象に残っている。これがもし「サンマの研究で」や「アワビの調査で」だったら、「夢があるね」とは絶対言われなかっただろう。城ヶ島対岸の三崎の名物、マグロでもないだろう。そもそも資源生物の研究者が、ユースホステルのような安宿に泊まって、ペアレントと世間話をすること自体ないだろう。世間一般の人々にとって、お金にならない生物の研究に情熱を傾けることは、スポーツ選手や芸能人や芸術家等を、好きが昂じて目指すのと同じように映るのかもしれない。実際、好きでないとやっていけないという点では共通している。

最終的に、日本列島沿岸の三ヶ所、静岡県南伊豆、和歌山県南部、及び鹿児島県野間池から、底生動物の標本を得ることができた。ある所では金銭購入、別の所では京都の和菓子と物々交換、というような感じだった。しかし実際にお願いに出向いた地点は、他にもいくつかあった。電話で漁協と交渉して、飛行機や電車・バスで現地へ赴いた方が、時間的・金銭的に余程節約になるし安全なのに、当時の私は頭が回らなかった。ただし北は千葉、南は鹿児島まで日本列島を爆走することで、少しは車の運転が上達したかもしれない。ロードムービーの主人公めいたことをやっていた。

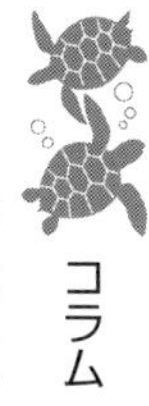

コラム　国際学会（其之壱）：米国でコロウナに酔う

餌生物の安定同位体分析はまだ終わっていなかったが、南部と屋久島のアカウミガメの安定同位体分析結果を国際

図1・12　第20回国際ウミガメ生物学・保全シンポジウム会場．米国フロリダ州オーランド

学会で発表するために、二〇〇〇年二月末、大学院博士課程一年が終わる頃、生まれて初めて日本を離れた。学会は国際ウミガメ協会が主催するウミガメ生物学・保全シンポジウムである。このシンポは、世界のどこかで毎年開催されており、多い時は参加者が一千人にも達する。私が初めて参加した第二十回大会は、米国フロリダ州中部にあるオーランドで開催された。初めての海外旅行ということで、準備に時間がかかった。まずはガイドブックの入手。パスポートの取得。鞄等の旅行用グッズの購入。円からドルへの通貨両替や、トラベラーズチェックの購入。そして往復航空券の手配。航路は、関西空港からデトロイト経由でオーランドであった。

初めて乗った国際線は、降りる時に乗客の使った毛布やゴミ等が床に散乱していて、国内線に比べて何か雑然としていた。掃除整頓は、客室乗務員に任せればよしということだろうか。デトロイト空港の窓越しに、動いている米国製の自動車を見た時、テレビや映画でしか見たことがなかった外国に遂に足を踏み入れたんだ、と妙な感慨があった。オーランド空港に着いて再びカルチャーショック。回転台から出てきた自分の荷物を取ったら出て行ってね、いちいち係が出口で本人のものかどうか札を確認しないよ、という風であった。他人の荷物を盗もうと思えば簡単に盗めるのでは……？

空港には、当時フロリダ大学に留学していた研究室の先輩が迎えに来てくれていた。シンポ開催中やその後の滞在等の面で、色々と御世話になった。シンポは、リゾートホテルを借り切って行われていた（図1・12）。南国のリゾートなので、皆ラフな格好で、家族同伴で来ていた。国内では、背広にネクタイ着用が暗黙の了解になっている学会があるので、随分雰囲気が違って見えた。日本から何人か参加していたので、大部屋を皆で借りていた。カード型のルームキーを渡されたのだが、財布に他のクレジットカードやキャッシュカードと共に入れていると、すぐに故障した。何度フロントに足を運んで、修正してもらったか分からない。

ホテルのバーで初めて飲んだ、メキシコのコロナビールが新鮮であった。喧噪渦巻く店内では、ウエイトレスに「コロナ」と日本語読みしても通じなかった。「ロ」を上げて「コロウナ」と発音することを知った。ちなみに「オーランド」も「ラ」を上げて読むので、「オルランド」と表記した方が正しいのかもしれない。カットしたライムを、ビール瓶の中に押し込んで飲むのが洒落ていた。ホテルのバー以外にも、リゾート周辺のお店に飲食に出かけることがあった。タンクトップにホットパンツ姿のチアリーダー風ウエイトレスが給仕する、健全なお店に行った。この店では生か蒸しかどちらか忘れたが、とにかく牡蠣が名物だった気がする。最近日本にも進出してきたが、本場の名物である牡蠣がメニューになく、揚げ物ばかりなのが残念である。私の記憶違いだろうか？　生鮮食品は取り扱いが難しいので、日本では出していないのかもしれない。リゾート近隣のアウトレットモールにも買い物に出かけた。当時はまだ日本にアウトレットモールがあまりなく、物珍しかった。車を離れる際は、盗難防止のために、荷物を座席に置かずに、トランクに仕舞った方がいいとのことだった。トラベラーズチェックの使い方が最初分からず、予め二ヶ所に署名していたら、店員に怪しまれた。一ヶ所は店員の前で署名するもののようだ。

発表は口頭発表として受理されていたので、普段喋ることのない英語を声に出して覚える必要があった。当時はま

図1・13　アーチー・カー国立野生生物保護区の砂浜

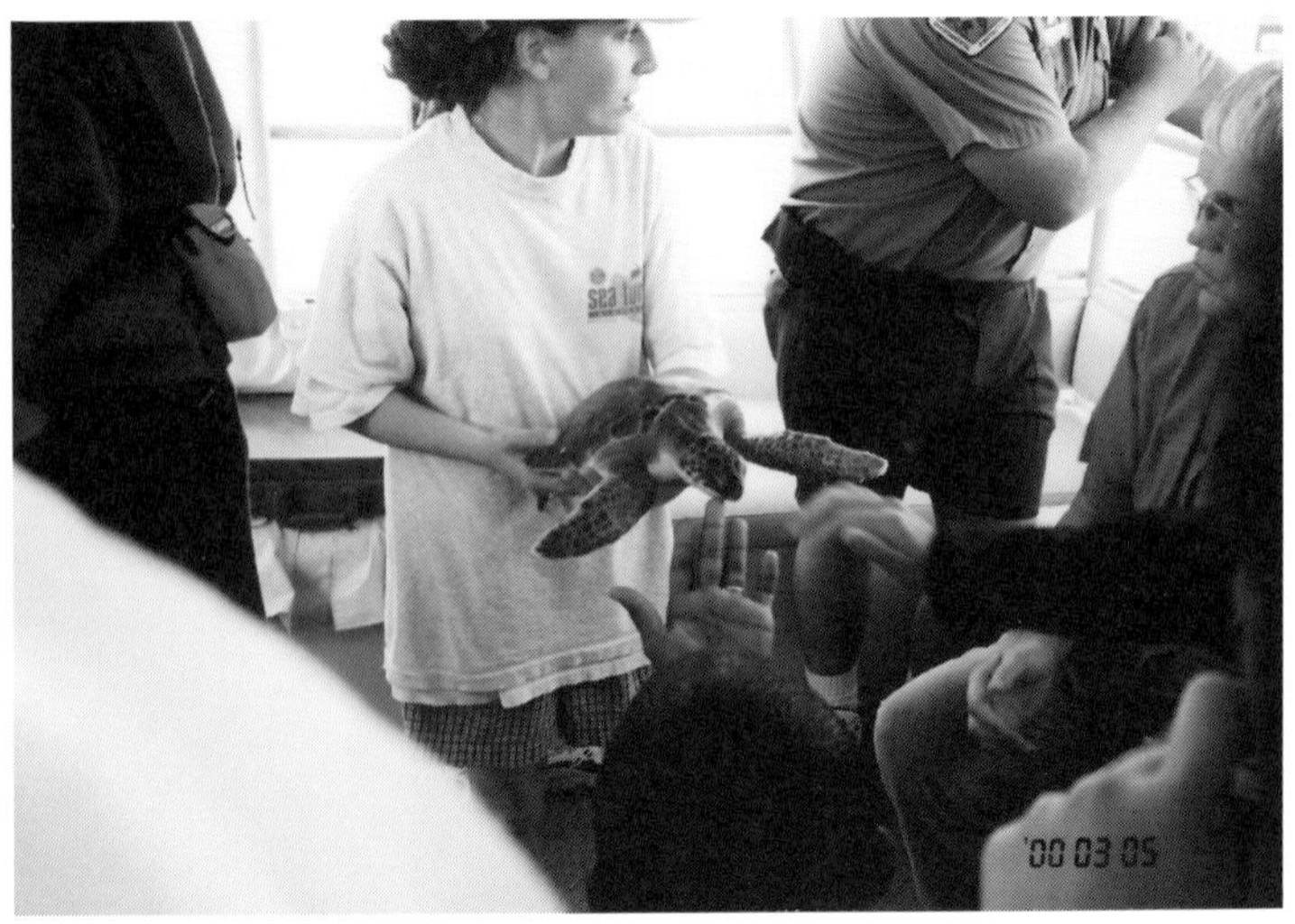

図1・14　インディアンリバー・ラグーンでのウミガメ捕獲調査実演

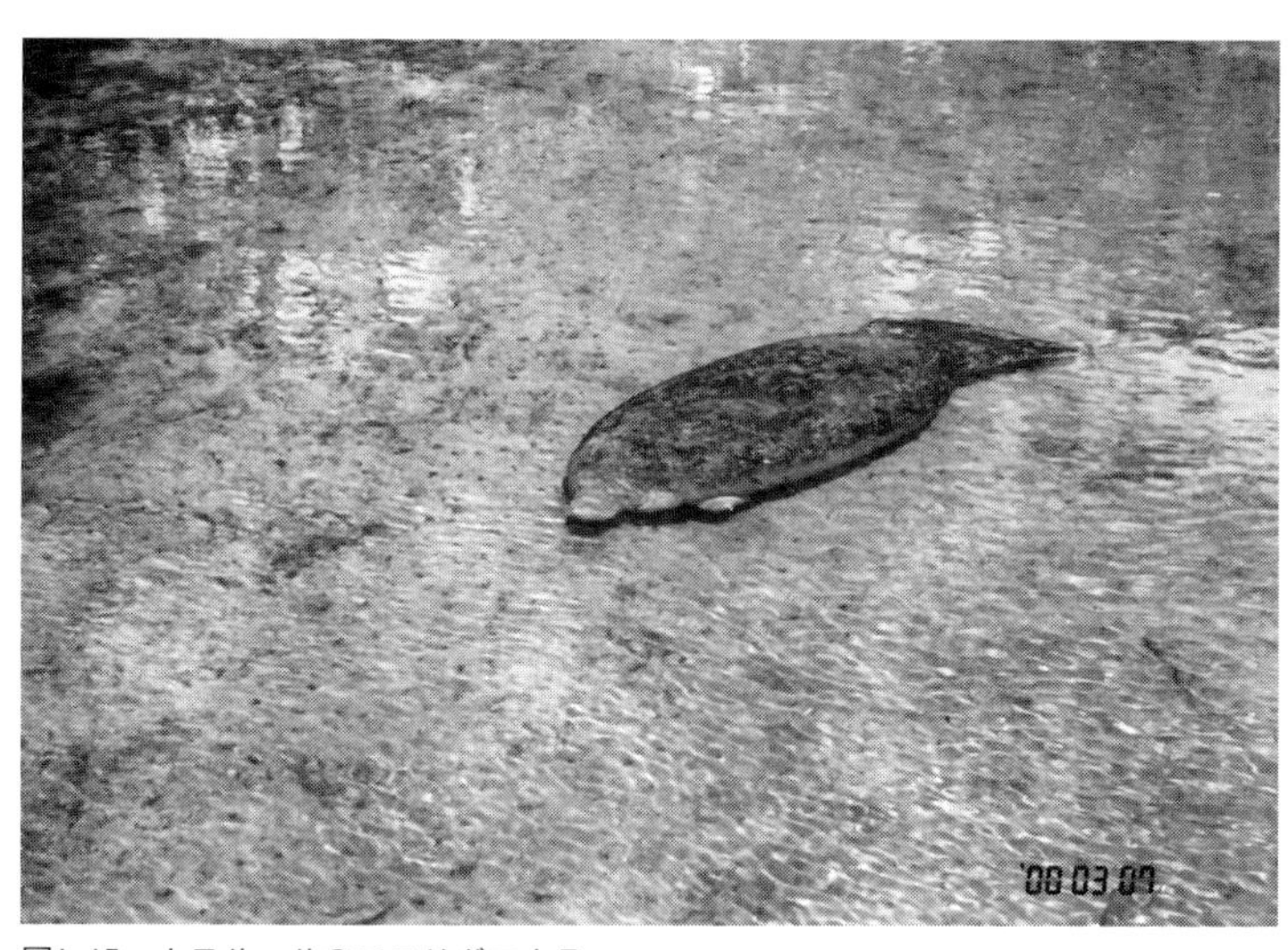

図1・15　ホモサッサのフロリダマナティー

だパワーポイントが普及していなかったので、A4サイズの透明フィルムに印刷したスライドをOHP（オーバーヘッドプロジェクター）で映写していた。優秀な発表をした若手には賞が授与されるので、気合いをいれて何度も練習して臨んだ。先輩方が以前の大会で受賞していたので、「よし、私も日本人として続くぞ」と意気込んでいた。最終日の晩餐会の間に受賞者が発表されるのであるが、いつまで経っても私の名前が呼ばれることはなかった。失意の中、味を感じないまま料理で胃袋を満たして部屋へ帰った。今思い返してもこの内容では絶対賞は取れないだろうという代物であったが、青かった私は本気で受賞できると盲信していた。しかし逆に賞を逃した口惜しさが、この研究を必ず完成させて論文を出版しようという動機付けにはなった。現在この論文（Hatase et al., 2002d）が拙著の中で最も引用されているので、雪辱と言えるかもしれない。

自らの発表を終えて、重圧から解放された。帰りの準備に取りかかった。当時はまだ航空会社へ帰路便のリコンファーム（再確認）をする必要があった。重複予約を防ぐためで、リコンファームしないと乗れなくなる可能性があると言われていた。ホテルの部屋から航空会社のリコンファーム専用デスクへ電話をかけて、事無きを得た。

シンポ後には日帰りバスツアーがあった。オーランドから東へ移動し、ウミガメの主要な産卵地であるアーチー・カー国立野生生物保護区（図1・13）や、網を張ってウミガメ若齢個体を捕獲調査しているインディアンリバー・ラグーン（図1・14）を訪れた。セントラルフロリダ大学の学生達が、調査を実演していた。車窓からは湿地をよく見かけた。その後、オーランドから北の、フロリダ大学のあるゲインズビルへ移動し、先輩の御宅に泊めてもらった。天井からぶら下がった羽根剝き出しの扇風機が印象的な、瀟洒なアパートだった。米国では洗濯物を屋外へ干すのは禁止されていると聞いた。屋外干しは貧しさの象徴で、景観を壊すからだそうな。洗濯物を乾燥機で乾かすために、電気エネルギーを浪費するのは勿体ない。フロリダ大学の広大な構内を散策した。ウミガメ学の父と言われるアーチー・カー博士の名を冠するこの大学のウミガメ研究センターは、世界のウミガメ学の中心的存在である。巨大な時計塔や、大学専用のフットボールスタジアム等が目に付いた。構内には、アメリカンフットボール部のマスコットである、アリゲーター（ワニ）が生息しているという噂を聞いた。大学以外にも、セントオーガスティンの四稜郭、ワイナリー、ホモサッサにあるフロリダマナティー（図1・15）の保全施設等に連れて行ってもらい、見聞を深めた。わずか八日ほどの外国滞在だったと思うが、危ない目に遭うこともなく、大いに刺激を受けて帰国の途に着いた。

「二つの竜宮城」実証

博士課程一年の一九九九年度は各地を飛び回って終わった感がある。私事でも飛行機を使った遠征がいくつか重なった。これだけ動き回った年度は後にも先にもなく、人生で最も濃密な時を過ごした。度重なる出張でお金も消えた。しかし放任主義を貫く指導教官には私の現況が伝わっておらず、「ちゃんと論文書いているのか？」などと発破を掛けられる始末であった。標本採取も分析も途上のあの状況で論文を書くには、データを捏造するしかないだろうに……。また残念なことに、この年度にTAKEHARUが亡くなった。ウミガメを飼育することで、色々と学ばせてもらった。

調査のためにこの年度から車を所有していたので、維持費が結構かかった。駐車場、損害保険、二年に一度の車検、自動車税、及び消耗品（ガソリン、エンジンオイル、バッテリー、タイヤ、等々）に年間五十万円は費やしたろうか。学振特別研究員だったとはいえ、あまり贅沢な暮らしはできなかった。研究室の方々に手伝ってもらって下宿の敷地を開拓し、駐車場にしていた。水道からホースを引いて、洗車するには都合が良かった。車を置いて数週間調査等に出かけることがあったので、バッテリーの不具合がよく起こった。定期的に車のエンジンを回転させて発電しないと、バッテリーに溜まっていた電気が消耗してしまうらしい。しばらく車を動かさない場合は、バッテリーへの配線を外しておくという手もある。

国際学会を終えて帰国後、ようやく時間ができたので、餌生物の安定同位体分析に取りかかった。ゼラチン質の浮遊生物はほとんど水分なので、同位体比測定に必要な量の有機物を確保するのに苦労した。他の餌生物の同位体比測定には筋肉組織を用いた。ヒトデの体には骨片として炭酸カルシウムが含まれており、測定時にうまく燃焼しないため、塩酸処理でそれらを除去した。筋肉組織を切り取って余ったイカ等の体を、晩飯のおかずとして研究室の人々にあげたら喜ばれた。同位体比測定は、瀬田へ移転していた京都大学生態学研究センターの共同利用機器を借りて行った。センターへは車で行った。京都から高速道路を使って一時間ほどかかったろうか。センターの近所にあったオネエ系の飲み屋が妙に記憶に残っている。訪れはしなかったが。乳鉢で擦りつぶせないほど硬いイカの筋肉等は、センターの粉砕機を借りて粉末化した。

結果である。予想通り、東シナ海陸棚や日本列島沿岸の底生動物の$\delta^{13}C$・$\delta^{15}N$は、外洋の太平洋の浮遊生物のそれよりも高かった（図1・10）。餌生物からアカウミガメ卵黄への$\delta^{13}C$と$\delta^{15}N$の濃縮率（分別係数）は正確には調べられていないが、$\delta^{13}C$で約一‰（DeNiro and Epstein, 1978）、$\delta^{15}N$で三〜四‰（Minagawa and Wada, 1984）という一般的な値に基づくと、$\delta^{13}C$・$\delta^{15}N$の低いアカウミガメは、主に外洋の太平洋で浮遊生物を、両同位体比の高いアカウミガメは、主に東シナ海陸棚や日本列島沿岸等の浅海で底生動物を食べていたと推察された。小型個体ほど外洋を、大型個体ほど浅海を餌場とする傾向があった。産卵個体のうち、二割が外洋を、八割が浅海を餌場としていた。実際、衛星追跡された五個体のうち、東シナ海へ行った三個体は同位体比が高く大型で（注：一個体からは卵を得られなかったので同位体比未測定）、太平洋へ行った二個体は同位体比が低く小型だった（図1・11）。発信器を付ける際、カメが少なくて体サイズで選んでいる余裕はなかったものの、神懸かり的に綺麗な結果が得られた。装着の際、バーベキュー用七輪の購入を要求した研究室ＯＢに活躍してもらったので、一回しか使われなかった七輪の功が少なからずあったというべきか。またこの時用いた発信器には、ソルトウォータースイッチという、海水中では電波発信を抑制して電池寿命を延ばす装置が付いていた。しかし坂本先生から発信器を渡された際、その話を全く聞いていなかったので、スイッチを接着剤で塞いでしまっていた。つまり常に電波を発信し続ける状態になっていた。発信器自体の電波送信周期を八時間ＯＮの十六時間ＯＦＦに設定していたので助かったが、二十四時間ＯＮにしていたらすぐに電池寿命に達していたことだろう。この件は横浜商科大学の小林雅人先生から発信器の装着方法に関して問い合わせがあった際に発覚した。このことを坂本先生に問い質すと、「あ、言うの忘れてた。フヒャハ」とのことだった。結果オーライというところだろうか……。人事を尽くした結果、天が微笑んだのかもしれない。

表1・1　南部と屋久島で産卵したアカウミガメの繁殖経験と炭素・窒素安定同位体比（$\delta^{13}C$・$\delta^{15}N$）の関係（Hatase *et al.*, 2002dより改変）．初産の個体が新規加入個体，以前に産卵経験のある個体が回帰個体．ウミガメには産卵場固執性があるので，標識の有無から両個体を判別できる．標準直甲長と$\delta^{13}C$・$\delta^{15}N$の値は，平均と標準偏差．P値はt検定で算出した

産卵場	繁殖状態	個体数	標準直甲長（mm）	$\delta^{13}C$（‰）	$\delta^{15}N$（‰）
南部	新規加入個体	29	822 ± 38	−17.7 ± 0.9	12.5 ± 1.6
	回帰個体	15	857 ± 56	−17.8 ± 1.2	12.7 ± 1.8
	P		<0.05	0.87	0.77
屋久島	新規加入個体	55	850 ± 45	−17.0 ± 1.2	13.3 ± 1.6
	回帰個体	50	865 ± 48	−17.1 ± 1.2	13.4 ± 1.3
	P		0.10	0.54	0.66

我々の研究の前に、遠洋水産研究所（現国際水産資源研究所）や日本水産資源保護協会が、静岡県御前崎や屋久島で、アカウミガメ産卵個体の衛星追跡を数多く実施していた。その報告書を見ると、体サイズによる傾向に関しては触れられていないが、産卵期以後、やはり小型個体は外洋の太平洋へ、大型個体は浅海の東シナ海陸棚や日本列島沿岸へ回遊していた。かくして日本で産卵するアカウミガメの体サイズによる摂餌域利用の違いは、仮説ではなく揺るぎない事実になった。竜宮城は紛れもなく二つあったのである。

新たな現象を発見したからには、なぜそうなのかを説明しないといけない。アカウミガメ成体雌は性成熟後ほとんど成長しない（Hatase *et al.*, 2004）。故にこの現象は、外洋を摂餌域としている小型の成体雌が加齢と共に大きくなって、摂餌域を外洋から浅海へ移すことを意味しない。繁殖可能な間、小型は外洋を、大型は浅海を使い続けることを意味する。実際、初産個体と経産個体の間で$\delta^{13}C$・$\delta^{15}N$を比較したところ、繁殖経験は両同位体比に影響を及ぼしていなかった（表1・1）。逆に言えば、性成熟前にはどちらの摂餌域を使うかが決まっていることになる。

日本の砂浜で生まれたアカウミガメは全て、最初はまだ遊泳能力が発達していないので、海に入ると黒潮等の海流に受動的に流されて、外洋

の中央北太平洋へ至ると考えられている。中には東部北太平洋のカリフォルニア半島付近にまで至る個体もいる（Bowen *et al.*, 1995）。外洋での初期生活中は、主にクラゲ等のゼラチン質の浮遊生物を食べている。ある程度大きくなって潜水遊泳能力が発達すると、日本近海の浅海へ加入し、主に貝やカニ等の底生動物を食べて性成熟に達する（Dodd, 1988; Bjorndal, 1997）。というのが、今まで想定されていた一般的なアカウミガメの生活史であった（Bolten, 2003）。今回の発見はこの従来の生活史観に一石を投じ、浅海へ加入せずに生涯外洋生活を営む個体がいることを示している。「ウミガメという生き物」の節で述べた生活史の分類に基づけば、タイプ2と3の生活史を採るアカウミガメが同一個体群中に共存していることになる。最初は皆、外洋で生活するのであるから、外洋での初期生活中に外洋に留まるか浅海へ移行するかを決める何らかの要因があるのだろう。その要因が何なのか、この現象の発見時にはうまく説明できなかった。伝統的にウミガメ学では、一つの個体群が一つの生活史を採ると考えられてきたので（Bolten, 2003）、最早手本がなかった。他の分類群で成された研究からヒントを得るしかなかった。我々の研究の後に、西アフリカのカーボベルデで産卵するアカウミガメを衛星追跡したところ、日本のアカウミガメ同様、小型は外洋を、大型は浅海を餌場としていたという論文が出た（Hawkes *et al.*, 2006）。この体サイズによる餌場の違いは、上腕骨コラーゲンの安定同位体比にも反映されていた（Eder *et al.*, 2012）。しばらく孤独だったが、同志を得て非常に嬉しかった。またオマーンのマシーラ島で産卵するアカウミガメは皆、産卵期以後、浅海に定着せずに外洋を漂っていたことから（Rees *et al.*, 2010）、この産卵群は全てタイプ3の生活史を採る個体で成り立っているのかもしれない。このように、衛星追跡と安定同位体分析が二〇〇〇年代初頭から普及し始めたことで、ウミガメの回遊行動を定量的に把握できるようになった。それにより、従来の生活史観とは異なる事例が急速に増えつつある。

我々の研究の前に、地中海キプロスで産出されたアカウミガメ卵黄の $\delta^{13}C$・$\delta^{15}N$ が測られていた（Godley *et al.*, 1998）。それを見ると、$\delta^{13}C$ は日本のものと同じくらいだが、$\delta^{15}N$ はキプロスの方がかなり低かった。キプロスで産卵するアカウミガメの食性は日本のものと変わらないので、この $\delta^{15}N$ の違いは食物連鎖の出発点である一次生産者の値の違いに起因していると思われる。貧栄養海域である地中海では、藍藻類や海草の付着藻類が、大気から供給された窒素を固定して利用している（Bethoux *et al.*, 1992）。窒素固定は、$N_2 \rightarrow NH_4^+$ という反応である。この過程では同位体の分別が起こらないので、一次生産者の $\delta^{15}N$ は大気窒素同様に低い値を示すのだ。西部太平洋でも窒素固定は起こっているそうだが、地中海ほどではないのだろう（酒井・松久、一九九六）。一方、ギリシャ西部のザキンソス島で産出されたアカウミガメ卵黄の $\delta^{15}N$ は幅広い値を示していた（Zbinden *et al.*, 2011）。我々のように衛星追跡を併用しているのだが、アドリア海北部へ向かった個体は日本と同じぐらい高い $\delta^{15}N$ を示し、チュニジア沿岸へ向かった個体はキプロスで産出された卵黄と同じぐらい低い $\delta^{15}N$ を示していた。キプロスで産卵するアカウミガメにもチュニジア沿岸へ行く個体がいるようである（Broderick *et al.*, 2007）。アドリア海でもチュニジア沿岸でもアカウミガメ産卵個体は主に底生動物を食べているので、この $\delta^{15}N$ の違いは食性の違いに起因しているのではない。アドリア海北部に流入した人間活動由来の排水が、高い $\delta^{15}N$ を引き起こしていると考えられている。富栄養海域では、有機物の分解に多量の酸素を消費するので、貧酸素水塊が発生する。生物は欠乏した酸素を硝酸（NO_3^-）からの脱窒で補う。脱窒は、$NO_3^- \rightarrow N_2$ という反応である。この過程では、海水中の NO_3^- の同位体分別が著しく起こり、軽い $^{14}NO_3^-$ ほど早く使われ、重い $^{15}NO_3^-$ ほど海水中に取り残される。その重い $^{15}NO_3^-$ を取り込んだ一次生産者の $\delta^{15}N$ は高くなる。このように捕食者の安定同位体比は、当該海域の海洋学的特性に大きな影響を受けている。米国東海岸に生息するアカウミガメの同位体比の地理的勾配を見ると、やはり人間活動の盛んな地域で摂餌している個体は高い δ^{15}N を示すようだ（Ceriani *et al.*, 2014b）。

現場にいる間は机仕事をする余裕がないので、京都にいる間にこうした内容の投稿論文を執筆していた。英語論文で、かつ離れた所にいる共著者との意思疎通が上手くいかないこともあり、この第一報（Hatase *et al.*, 2002d）を産み出すのに最も苦労した。第二著者の先輩のお取りなしで、同位体生態学の大家である和田英太郎先生にも原稿を読んでいただいた。読後、お忙しい中、わざわざお電話下さった。雲の上の存在から色々と感想を直に頂けたのは、貴重な機会であった。「浪漫チック」と評されたのが記憶に残っている。また読者が同位体データを再解析できるように、データを付表に全て掲載するように促された。先生のご意見を入れて原稿を改訂した。当時はまだ雑誌のウェブサイト上にオンライン投稿システムが確立されていなかったので、紙に出力した完成稿を数部コピーして、ＥＭＳ（Express Mail Service：国際スピード郵便）で雑誌の事務局へ投稿した。付表の後日談を記しておく。論文が受理されても出版社が付表の掲載を拒んだため、やむなく所属研究室のウェブサーバ上で公開することにした。しかし研究室を離れた現在、抹消されてしまっている。たまにこの付表を使わせてくれという問い合わせが来たりするので、出版社に先見の明がなかったということだろうか。現在ではどの雑誌でも、ウェブサイト上に付表（Electronic supplementary material）を掲載することができるようになっている。

ある年南部の食堂で何気なくスポーツ新聞を読んでいると、「海ウナギ発見」という記事が目に留まった。従来、ウナギは海で産まれ、川へ遡上して成長し、再び繁殖のために海へ戻るというのが定説であったが、生息環境を反映する耳石の微量元素濃度を調べたところ、一生海で過ごすウナギが見つかった、というものであった。東京大学海洋研究所の塚本勝巳先生らによる発見だった（塚本、二〇一二）。生活史の多型現象という点で、私の発見と類似しており、心の片隅に何か引っかかるものがあった。数年後に塚本先生の研究室で御厄介になるとは、当時は夢にも思わなかった。

ちなみにこの食堂「北京飯店」は南部駅前にあって便利なので、南部滞在中、二～三日に一回は通っていた。ある日、店主の親爺さんに言われた、「わざわざカメの研究しに京都から来とるんか。まあ何かの役に立つんやろな」という、何気ない一言が記憶に残っている。この一言は、産業上重要視されていない動物の生態学に対する世間一般の人々の感覚を、端的に反映している。祖父にも言われたことがある。「お前のやっとることは人の役に立っとるんか？（定職に就いて）親孝行せなあかんで」と。正確に言えば、何の役にも立たないかもしれない。何かの役に立とうと思ってやっている訳ではないから。何か面白そうだからやっている、というのが実情だ。学問って本来そういうものだろう。開き直りが肝心である。別の見方をすれば、お店の売り上げには貢献していた。調査を全うして帰京する際、親爺さんに餞別に冷凍餃子をもらったりした。研究室で後輩が焦がした餃子を味わいながら、北京の親爺さんと女将さんを憶った。またこうして本を出版することで、読者の知的娯楽には貢献しているのかもしれない。

雄の竜宮城

砂浜で産卵する雌のウミガメのことばかり述べてきたが、ここで雄のウミガメの話を一つ。産卵上陸してくる雌に比べ、一生海で暮らしている雄の生態は謎に包まれている。たまに定置網で魚と一緒に捕獲されること

図1・16　串本海中公園で衛星用電波発信器を背甲に装着されたアカウミガメ成体雄. 雄は雌より尾が長い

があるので、捕れたら発信器を付けて衛星追跡しようという話が、修士課程二年時の一九九八年にあった。衛星追跡の出資者は、遠洋水産研究所の馬場徳寿さんだった。紀伊半島最南端にある串本海中公園の宮脇逸朗さんに、串本で雄が捕獲されたら御連絡下さいとお願いしていた。雄は尾が長く、前肢の爪が発達しているので、外部形態から雌雄をすぐに判別できる。運良く一九九八年十一月下旬の早朝に、串本の大島樫野の定置網で、アカウミガメ成体雄が捕獲されたという連絡を頂戴した。学位取得等で御多忙の身であったが、研究室の先輩に御出動いただいた。京都から串本まで車でおよそ五時間。途中、捕獲してくれた漁師さんへの手土産に、日本酒を一升購入した。午後には串本海中公園センターに運び込まれていた雄に発信器を装着し終えた。接着剤が乾いた夕方に、地先海岸から放流した（図1・16）。この当時、なぜか素手で発信器を装着していたので、灰色の接着剤がこびりついてしばらく不便だった。帰路立ち寄った白浜の寿司屋で、大将にペンキ屋さんと間違えられた。

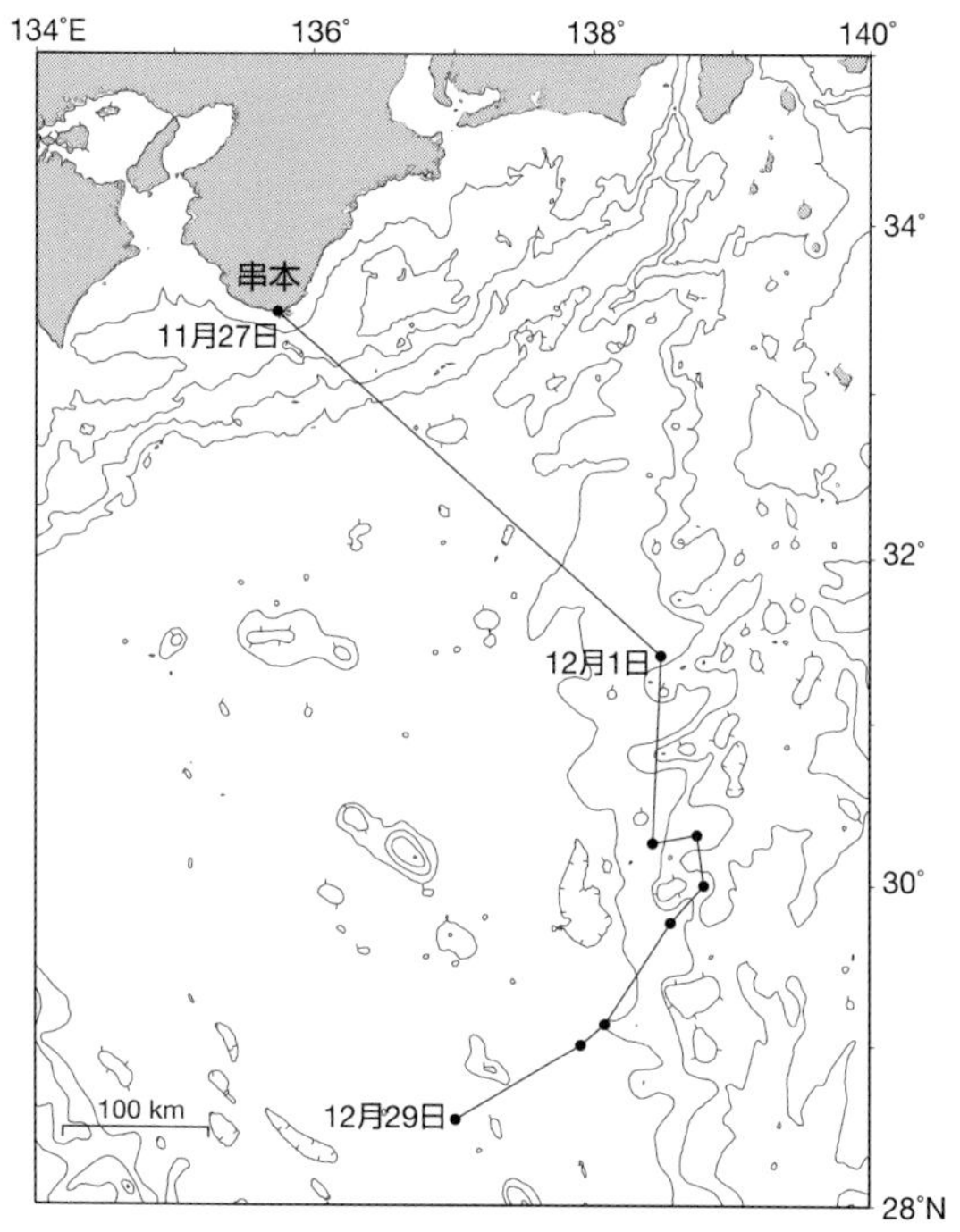

図1・17　和歌山県串本町で捕獲されたアカウミガメ成体雄1頭の，人工衛星を介して調べられた回遊経路．等深線は1000 m間隔（Hatase *et al*., 2002cより改変）

約一ヶ月間の追跡に成功した(Hatase *et al*., 2002c)。驚くべきことに、この雄は外洋の太平洋へ移動した（図1・17）。アカウミガメ成体雌同様、成体雄は浅海で主に底生動物を食べて次の繁殖に備えるという定説に反していた。坂本先生達が、一九九六年一月上旬に串本で捕獲された本種雄の衛星追跡を行った際にも、同様に外洋太平洋へ移動していた。(Sakamoto *et al*., 1997）今回と過去に串本から衛星追跡された雄二個体の体サイズを見ると、標準直甲長七百八十三と七百八十四ミリであった。これらは定置網で一般に捕獲される本種雄の平均値（±標準偏差）である八百五十九±四十ミリよりも小さかったので、アカウミガメ成体雄にも成体雌同様に、体サイズによる餌場の違いがあるのではないかと示唆された。西アフリカのカーボベルデで繁殖するアカウミガメ成体雄においても、日本のアカウミガメ同様、体サイズによる餌場の違いが示唆されている（Varo-Cruz *et al.*, 2013）。しかし最近発表された鹿児島県笠沙町で混獲されたアカウミガメ成体雄三頭（七百三十七、八百十七、及び八百八十七ミリ）の衛星追跡結果を見ると、体サイズによる傾向は見られず、全て浅海の日本海や東シナ海へ回遊している（Saito *et al.*, 2015）。もう少し標本数が増えないと、アカウミガメ成体雄にも体サイズによる餌場利用の違いがあると断言するのは難しいかもしれない。

なおかつてはこういう地図や回遊経路を手描きするのは大変な作業だったが、最近ではMaptoolというオンラインフリーソフト（http://www.seaturtle.org/maptool/）のおかげで、誰でも手軽に正確な作図ができるようになっている。ただし英語のウェブサイトである。現在から遡って数年前までの地衡流、クロロフィル濃度、海面高度等の海洋環境データを重ね合わせることもできる。

母浜回帰と遺伝的集団構造

竜宮城探しと並行して取り組んでいた、日本で産卵するアカウミガメの遺伝的集団構造解析についても述べておく。この課題は大学院入学時に、研究室の先輩である坂東武治さんから引き継いだものであった。「二兎追う者一兎も得ず」と言われる通り、右も左も分からない大学院生には、複数課題の同時進行は荷が重かった。元を辿れば、日本ウミガメ協議会が全国のウミガメ産卵地で活動する方々の御協力を得て遺伝子解析用の標本を集め、京都大学農学研究科海洋生物生産利用学分野にいた木下政人さんに遺伝子解析を依頼して始まった課題で、坂東さんや私が実働部隊として入っていたという複雑な人間関係もあり、途中何度か投げ出したくなった。封建的なやり方である。ウミガメの場合、野外での標本採取に多大な労力を要するので、汗をかく人間とかかない人間がはっきり分かれるこうしたやり方はあまり好ましくない。私の後にこの標本を使って遺伝子解析を担当した渡邊国広君（後章参照）には、もっと複雑怪奇な世界に見えたことだろう。独自のものではない与えられた課題に対しては、気の入れ方が異なってくるのが人情だ。しかし何とか原著論文（Hatase *et al.*, 2002b）として成果を公表するところまで持って行けたので、二兎を追って辛うじて二兎を得た、と言うべきか。

大学の研究室の方針も様々である。全く自由にやっていいという放任主義の研究室もあれば、課題を与えられて先輩から手取り足取り教えられる封建的な徒弟制度の研究室もある。生態学の研究室には放任主義が多いと思うが、自ら研究課題を見つけるのは簡単なことではない。研究に対する意識が相当高くないと、何もできずに修業年限に達してしまう。研究の道に進む人間が少ない場合は、徒弟制度の方が研究室の運営上うまくいくのかもしれない。私の場合は大学院からウミガメ研究を始めた訳だが、所属研究室は全般的には放任主義だった。しかしこの遺伝子分析の課題に関しては徒弟制度だったので、両方の長所短所を経験できたかもしれない。どちらがいいとは一概には言えないが、独創的な成果を生み出すのは、やはり放任主義なのではないかと思う。与えられた課題をこなして成果を上げたとしても、誰による成果なのかはっきりしない。

話を研究内容に移す。一般にウミガメは産卵場に対する固執性が物凄く強い。標識再捕記録から、数十キロ離れた産卵地間の交流がほとんどないことが分かっている（亀崎ら、一九九七）。また産卵個体を無理矢理数百キロも離れた他所へ運んでも、元の産卵場へ正確に戻ってくる（Luschi *et al.*, 1996）。このことから、サケが産卵のために生まれた川に戻ってくる母川回帰と同様、ウミガメにも産卵のために生まれた砂浜に戻ってくる「母浜回帰」の習性があるのではないかと考えられてきた。もしウミガメの母浜回帰が正確であり、産卵場の間でほとんど交流がないのであれば、長い時を経て各産卵群は遺伝的に異なってくると予想される。逆に、無作為に産卵場に加入しており、産卵群の間で頻繁な交流があるのであれば、産卵場間に遺伝的な違いは見られないと予想される。動植物の細胞内にはミトコンドリアという、エネルギー代謝を司る小器官が存在する。このミトコンドリアには、核とは別に遺伝子であるDNAが存在する。ミトコンドリアDNA（mtDNA）は母親からしか子へ受け継がれない性質があるので、ウミガメ産卵個体のような雌の行動を知りたい場合に威力を発揮する。mtDNAの分析が世界各地のウミガメ類に対して行われ、母浜回帰を支持する結果が出されてきた（Bowen and Karl, 2007）。

日本のアカウミガメのmtDNAの分析も、世界的に分布する個体群間での比較の一部としてなされ、日本には二つのmtDNA遺伝子型（ハプロタイプ）があることが示されていた（Bowen *et al.*, 1995）。しかし和歌山と琉球諸島の二ヶ所の産卵地からの少ない標本数に基づいたものなので、日本列島内のアカウミガメ産卵群の詳しい遺伝的構造に関しては全く不明であった。遺伝的多様性の保全という観点から、各産卵群の分化・交流の程度を明らかにしておく必要がある。またもし各産卵場固有の遺伝子型が見つかれば、それを遺伝子標識として用いることで、漂着死体や漁業での混獲個体の起源を正確に知ることができ、日本のアカウミガメの回遊生態の解明が飛躍的に進む。このような保全生態学の基礎的かつ応用的な目的で、Bowen *et al.*（1995）と同様の手法を用いてmtDNAの分析を行った。

一九九四年から一九九九年に、和歌山県南部町、宮崎県宮崎市周辺の市町、鹿児島県屋久島、及び鹿児島県吹上浜の四ヶ所で活動している、京都大学ウミガメ調査隊と南部町ウミガメ研究班、宮崎野生動物研究会、屋

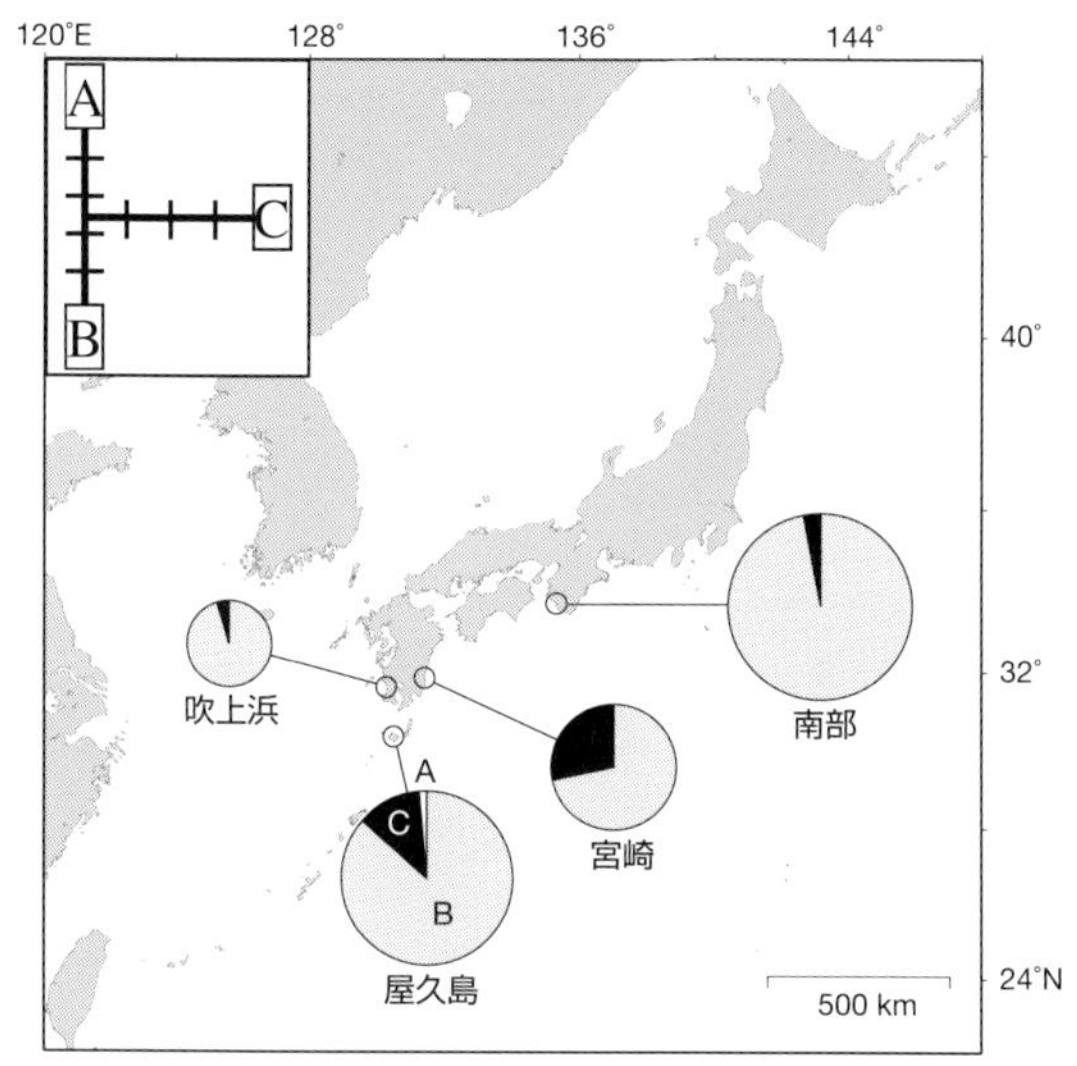

図1・18　日本のアカウミガメ産卵群におけるミトコンドリアDNA（mtDNA）ハプロタイプ分布（Hatase *et al.*, 2002b より改変）．円グラフは3つのハプロタイプの出現頻度を表し，大きさは標本数に比例している．3つのハプロタイプはBowen *et al.*（1995）に準じて決定された．左上の挿入図は，3つのハプロタイプの無根最節約ネットワークである．塩基置換数を，ハプロタイプ間を結ぶ線上のダッシュで示している

久島うみがめ館、及び鹿児島大学ウミガメ研究会の方々に、標本採取に御協力いただいた。分析試料には、個体識別のために産卵個体に標識を装着する際に、副次的に採れる微量の肉片を用いた。各産卵地では、異なる年に二回標本を集め、計二百五十九個体の標本を得た。最初の年に集めた標本については、Bowen *et al.*（1995）に従い、調節領域の三百五十塩基の配列を直接決定し、比較した。その結果、Bowen *et al.*（1995）同様、七座位で多型が見られ、それにより三つのハプロタイプに分けられた（図1・18）。残念ながら各産卵地固有のハプロタイプは見つからなかった。また上記以外の配列も調べたが、変異に富む箇所は見つからなかった。後の年に集めた標本については、ハプロタイプ決定の手順を簡略化するために、制限酵素断片長多型分析を

行い、三つのハプロタイプを決定した。分析標本中でハプロタイプBが約九割を占めていた。次にハプロタイプCが多く、ハプロタイプAは屋久島の一頭でしか確認されなかった。

まず各産卵地の中での遺伝的変異の程度を調べるために、標本採取年間で比較を行った。四つの産卵地内において、標本採取年間で、ハプロタイプ出現頻度に有意な違いはなかったため、産卵地毎に標本をひとまとめにした（図1・18）。次に各産卵地の間での遺伝的変異の程度を調べるために、二地点間で比較を行った。六つの比較のうち、四つで有意な違いがあった。吹上浜と南部、吹上浜と屋久島では有意な違いがなかったが、これはこの産卵地間に頻繁な交流があるというよりは、用いた遺伝子マーカーの解像度が低かったことに起因しているのであろう。これらの結果は、日本のアカウミガメ産卵群が遺伝的に異なっており、母浜回帰していることを示唆した。

ウミガメの母浜回帰でいつも問題になるのは、「母浜」の規模である。例えば屋久島永田の隣り合ういなか浜と前浜を正確に区別して、アカウミガメは生まれた浜に回帰しているのだろうか。標識調査結果を見ると、浜間を産卵個体が頻繁に行き来していることが分かる。実際、船で永田の沖合に出たことがあるが、沖から見ると両浜は一つにしか見えない。隣り合う浜ぐらいなら一つの「母浜」としてアカウミガメは認識しているのだろう。産卵地間で遺伝子を比較していって有意な違いが出る最短距離未満が「母浜」の規模となるのだろうが、これには先述のように遺伝子マーカーの解像度が関わってくるので厳密に決定するのは難しい。日本の四つの産卵群間の比較で有意な違いが出た最も近い産卵群は宮崎と吹上浜で、直線距離にして約百十キロだった。海岸線を回り込む距離を採ると、宮崎と屋久島の間の約二百キロとあまり変わらなくなるが、ここでは直線距離を使う。米国東部のアカウミガメの「母浜」規模も五十～百キロと言われている（Bowen and Karl, 2007）。

故に今のところアカウミガメでは数十キロぐらいまでを「母浜」と認識していると考えていいのかもしれない。

大西洋や地中海に生息するアカウミガメの、mtDNAのほぼ同じ領域の分析では、ほぼ同じ標本数の中に十数個のハプロタイプが検出されている（Encalada *et al.*, 1998; Laurent *et al.*, 1998）。それに対し太平洋においては、四つか五つの塩基置換を伴う三つのハプロタイプしか検出されなかった（Bowen *et al.*, 1995：図1・18）。大西洋や地中海においては、太平洋より一桁多い、年間数万巣の産卵がある。太平洋のアカウミガメは、集団サイズの小ささと、少数のハプロタイプによって示されるmtDNAの多様性の低さから、大西洋や地中海のものに比べ、激しい瓶首効果を受けてきたことが示唆される。大西洋や地中海に比べ、太平洋にはアカウミガメの産卵する砂浜は少なく、また各々が小さい。そのような限られた砂浜で産卵を集中させていると、台風や地震に伴う津波等の自然災害が起これば、損壊する産卵巣の割合が増し、瓶首効果を招きやすくなると思われる。

本研究とほぼ同緯度に位置する米国南東部のアカウミガメ産卵群においては、北に行くほどハプロタイプの多様性が低下する現象が確認されている（Encalada *et al.*, 1998）。これは約一万年前の氷河期の終了後、本種が産卵場を北へ拡大していった際の入植瓶首効果によると考えられている。本研究の日本の四産卵群のハプロタイプ頻度においては、明瞭な緯度勾配は確認されなかった（図1・18）。これは米国の標本採取範囲に比べ、日本のそれが狭かったためであろう。なおニホンザルのmtDNAに基づく系統関係にも、氷河期以後の生息域拡大の影響が見られるようである（川本、二〇〇五）。ハプロタイプの分岐は北ほど浅いようだ。

本研究の屋久島産卵群の一頭から見出されたハプロタイプAは、Bowen *et al.*（1995）が太平洋のアカウミガメを分析した際、日本の産卵場には存在せず、豪州の産卵場のみでしか確認されていなかった。北太平洋中央部や東部で混獲された未成熟アカウミガメに少数のハプロタイプAが含まれていたことから、北太平洋の未成熟アカウミガメの起源には、日本だけでなく豪州も含まれると考えられていた。しかし本研究の結果をもとに、北太平洋の未成熟アカウミガメの起源推定を、Bowen *et al.*（1995）と同じ手法で再度行ったところ、ほぼ全て日本起源であるという結果が出た。故に北太平洋の生態系の中で、アカウミガメの産卵場としての日本列島が、いかに重要であるかが改めて認識される。

異なる竜宮城の効果

アカウミガメの竜宮城探しは、博士課程一年で目途がついた。では博士課程二年時、三年時のカメシーズンは何をやっていたのかというと、南部で引き続きアカウミガメの産卵個体調査を行っていた。アカウミガメ産卵個体は体サイズにより餌場が異なることが分かったので、次の段階として、餌場の違いが産卵巣数の年変動や生活史特性にどのように関わっているのかを調べることにした。一九九〇年から研究室に蓄積された産卵巣数及び個体識別データを増やすという名目で、二〇〇〇年及び二〇〇一年の夏を南部で過ごした。ちなみに京都には六年住んでいたのであるが、祇園祭のある七月には毎年カメの現場に出ていたので、生で祭を見たことがない。

京都に移って以来、研究のみに没頭していたが、竜宮城探しが一段落したこともあり、何か別のこともやろうという気になった。二〇〇〇年春に米国のアウトレットモールで運動靴を買って以来、在京中は近所の賀茂川べりを走って体を鍛えるようになった。何事も、いい道具を揃えれば、元を取ろうと思って気持ちが高まるものである。北西から流れてきた賀茂川と北東から流れてきた高野川が出町柳で合流して、京都市のシンボル鴨川になる。賀茂川べりの方が土の遊歩道が整備されており、ランナーには快適なコースだった。都市部の川なので護岸が施されているが、水量が多く、せせらぎが気持ち良かった。鴨（賀茂）川という名の通り、水鳥をよく見かけた。気分が乗った時は、出町柳から上賀茂にあるボーリング場辺りまで走ったものである。走った後、銭湯で汗を流し、大学生協の食堂で晩飯を食べていた。ちなみに下宿に台所がなかったので、昼と夜、ほぼ毎日、生協食堂に依存していた。日曜の夜だけ近所の喫茶店で食べていたが、定食に付く珈琲を飲むと寝つきが悪くなった。カフェインが多量に含まれていたのだろうか。月曜は目を充血させて登校していた。

この時期の南部調査中の出来事をいくつか記す。調査の助っ人に研究室の後輩を呼んでいた。この後輩と夜間パトロールに出て、浜の端に着いたので休憩のため腰を下ろした時のことである。蒸し暑い夜なのに、後輩がやけに私の側近くに座るのだ。恋人達の間合いだった。「何なんだこの男は。衆道の気があったっけ？」と思ったが、その頃、後輩が女性と付き合っていたことを思い出した。恋は人と人との距離感を狂わせるのかもしれない。距離感は重要である。上陸したカメに近づき過ぎると、産まずに帰ってしまう。カメは人影そのものと言うよりも、動く影に反応するようだ。じっとしていればカメを驚かすことはない。月夜はカメも敏感なので、一層距離を取る必要がある。カメの傍で無線のやり取りをしてもあまり反応しないので、上陸中のカメは聴覚よりも視覚に頼って危険を察知しているようだ。大学のヘヴィメタルサークルで悪魔メイクをしてギターを担当していたこの後輩には、遊び道具として南部に持ってきていた私のクラシックギターで華麗な演奏を聞かせてもらった。人里離れた千里観音では、ご近所さんに憚ることなく、波音を背景に楽器掻き鳴らし放題である。

普段は国民宿舎の温泉を使わせていただいていたのだが、たまに気分転換に近隣の温泉へも出かけることがあった。白浜の温泉や南部の山奥にある鶴の湯温泉なら、車道も整備されていて快適なドライブとなるのだが、南部からさらに山奥にある秘境の龍神温泉に辿り着くには片道二時間ぐらいかかった。温泉へ疲れを癒しに行ったのか、ドライブ疲れを増やしに行ったのか、どちらだったのだろうという感じである。白浜にある京都大学瀬戸臨海実験所の水族館へも、助っ人の慰安のためによく訪れた。

二〇〇一年の南部調査を終えて、帰京してからデータ解析を始めた。アカウミガメ産卵個体の甲長を餌場の指標として、様々な特性との関連を調べた。一九九八年に千里浜でアカウミガメの最低産卵巣数を目の当たりにした者としては、なぜ一九九〇年代後半に千里浜で巣数が激減したのかをやはり知りたかった（Hatase *et al.*, 2002a）。この期間に、千里浜で産卵を阻害するような人為的改変があったり、浜に産卵個体の死体が大量に打ち上がったという話はない。よって減少要因は産卵場近辺ではなく、もっと遠くの海にあったのだろう。もしこの巣数の減少が、過去に千里浜で産出された卵が少なかったり、孵化幼体や若齢個体などの未成熟個体が何らかの原因で減少したために、繁殖開始齢に達するまで生存した個体が少なかったことによるのであれば、巣数の減少に伴い、千里浜における全識別個体に占める新規加入個体の割合も低下してくると予想される。また相対的に大きい産卵個体が浅海を、小さい産卵個体が外洋を餌場として利用する傾向があるので、もし産卵巣数の激減がどちらかの餌場に起因しているのであれば、巣数の減少と共に産卵個体の甲長の平均値も変動する筈である。例えば巣数の減少が浅海の大型個体の減少によるのであれば、甲長の平均値は下降すると予想される。逆に巣数の減少が外洋の小型個体の減少によるのであれば、甲長の平均値は上昇すると予想される。

巣数は一九九〇年から一九九八年まで減少し、その後少し回復した（図1・19）。新規加入個体の割合は、三十九〜七十五％の間を変動した。平均直甲長は、八百二十五〜八百五十五ミリの間を変動した。巣数と、新

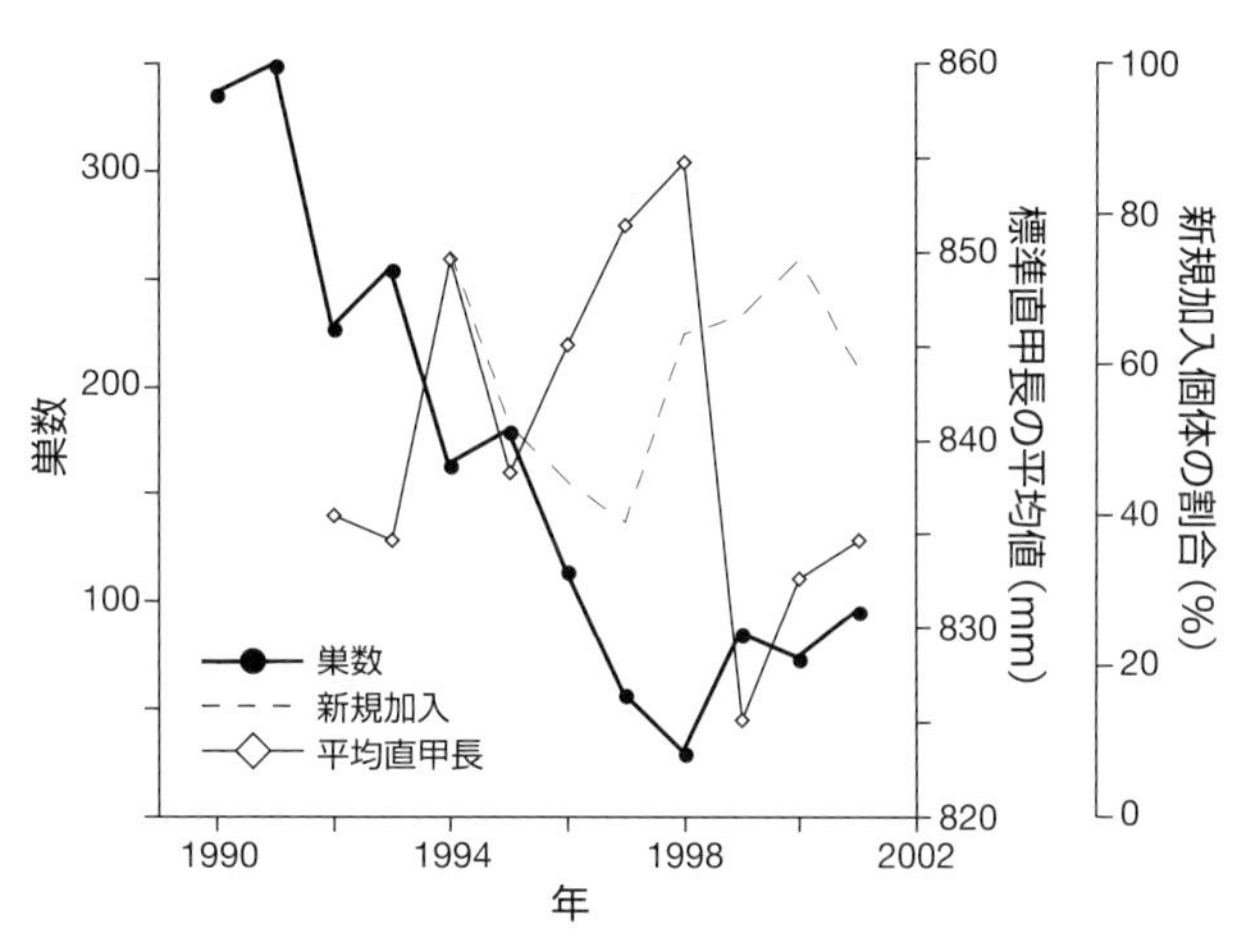

図1・19　和歌山県南部町千里浜におけるアカウミガメの，産卵巣数，新規加入個体の割合，及び標準直甲長の平均値の年変動（Hatase *et al.*, 2002aより改変）

規加入個体の割合または平均直甲長の変動様式を理解するために、一年当たりの増減を変化率と定義し、その各々の変化率の関係を調べた。

新規加入個体の割合の変化率と巣数の変化率の間には、有意な相関はなかった（図1・20）。これは巣数の減少に、新規加入個体だけでなく回帰個体の減少も関与していたことを意味した。平均直甲長の変化率と巣数の変化率には有意な負の相関があった（図1・20）。これは巣数の減少に、平均直甲長の増加、すなわち小型個体の減少が関与していたことを意味した。新規加入個体か回帰個体かに関係なく、小型個体は外洋を主な餌場としているので、一九九〇年代後半の千里浜における産卵巣数の減少の原因は、その当時の外洋にあったのではないかと推察された。北太平洋の外洋における延縄漁での混獲が原因となっていたのかもしれない。

我々の研究では体サイズを餌場の指標として巣数変動要因を調べたが、最近、安定同位体比に基づいて正確に判別された個体の餌場と産卵巣数変動との関連を調べた研究が、

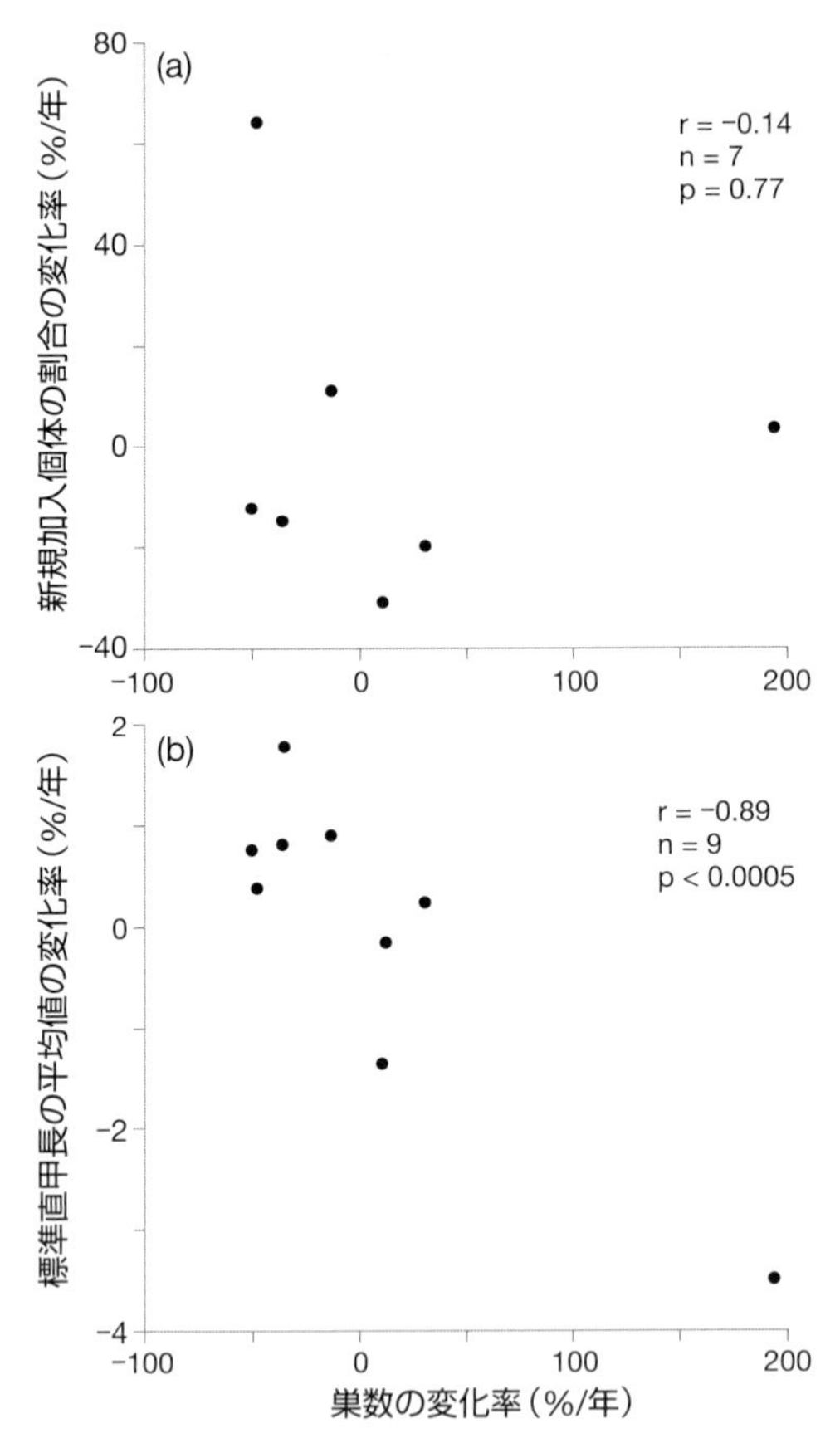

図1･20　(a) 和歌山県南部町千里浜におけるアカウミガメの，産卵巣数の変化率と新規加入個体の割合の変化率の関係，及び (b) 産卵巣数の変化率と標準直甲長の平均値の変化率の関係（Hatase *et al*., 2002a より改変）

米国東部から続々と報告されつつある。ジョージア州のワッソー島で産卵するアカウミガメは二〇〇五年から増加しているが、この増加には北部の浅海の餌場を利用する個体の増加が効いているようだ（Vander Zanden *et al.*, 2014）。一方、フロリダ東部のアーチー・カー国立野生生物保護区で産卵するアカウミガメは二〇〇八年から増加しているが、その間に三つの浅海の餌場を利用する個体の割合は変わっていない（Ceriani *et al.*, 2015）。ちなみにこの産卵場は、二〇〇〇年の国際ウミガメシンポで見学に訪れた浜である（図1・13）。南部では、産卵巣数が最低だった一九九八年と、増加に転じた一九九九年に、安定同位体分析を行っている（図1・19）。改めてデータを見直すと、外洋摂餌者の割合は一九九八年には八%だったが、一九九九年には五十%に増えている（同位体比に基づく外洋と浅海の摂餌者の判別に関しては、第3、4章参照）。このことは上述の、一九九〇年代に南部で見られた産卵個体数の増減に小型の外洋摂餌者の増減が関わっていたという、平均直甲長の年変動からの推察を裏付けている。

次に餌場が違えば回帰様式に違いが出るのかを調べた（Hatase *et al.*, 2004）。まず千里浜で産卵した個体の、体サイズと回帰間隔（連続した産卵期の間の年数）の関係を調べた（図1・21）。回帰間隔は一～六年で、最頻値は二年であった。統計的に有意ではないが、小型個体の回帰間隔は大型個体のものに比べ長かった。これは、餌生物の栄養価の違いを反映していると思われる。すなわち浅海で栄養価の高い底生動物を主に摂餌している大型個体は繁殖準備期間が短く、外洋で栄養価の低い浮遊生物を摂餌している小型個体はそれが長くなると考えられる。統計的に有意な差が出なかったのは、「小型」個体にも浅海を摂餌域としている個体が存在するためであろう。甲長に基づけば「小型」であるが、甲幅が広く体重が重い個体が少なからずいる。実際、第4章で安定同位体比に基づいて正確に個体の餌場を判別すると、浅海と外洋の摂餌者間で回帰間隔に有意な違

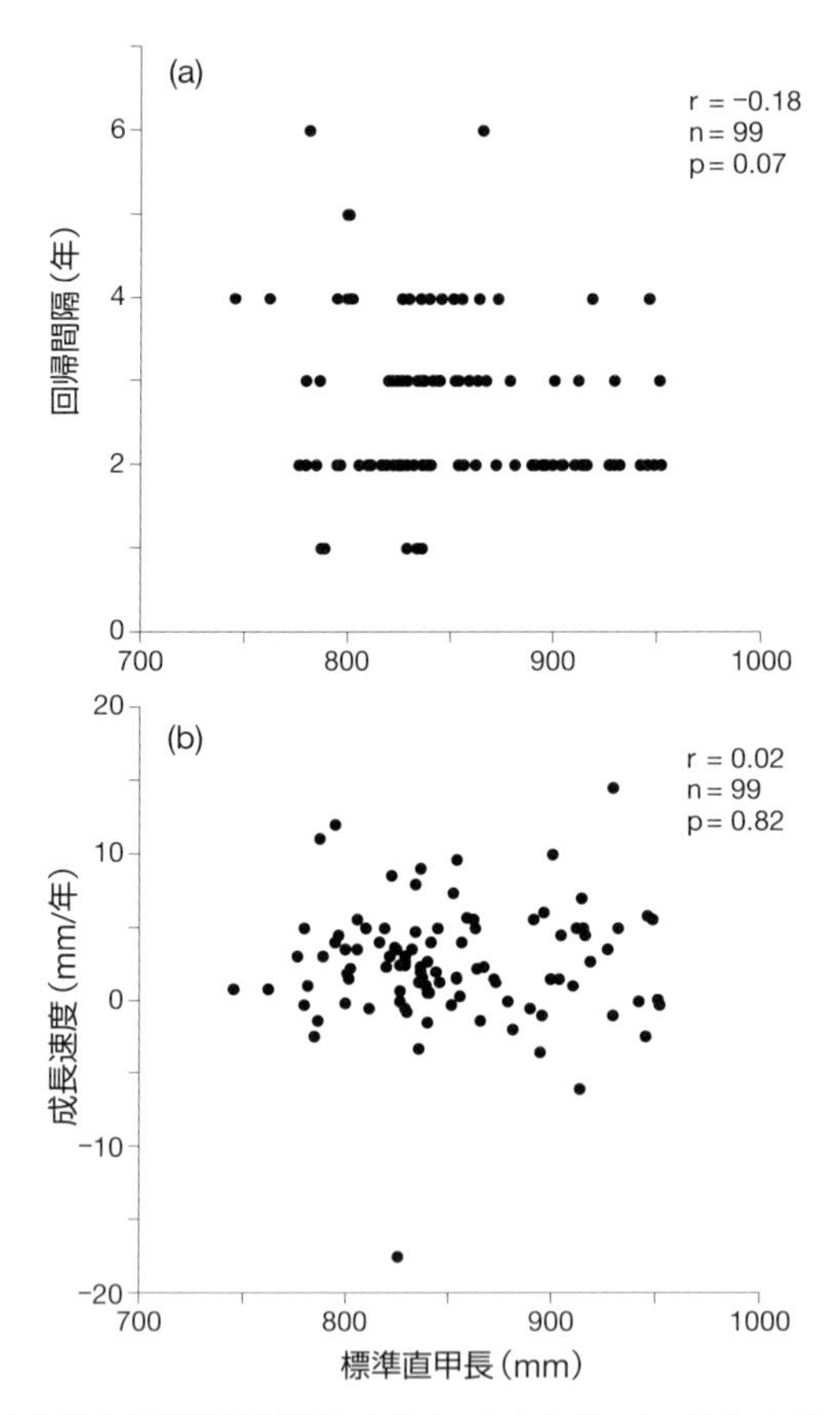

図1･21　(a) 和歌山県南部町千里浜におけるアカウミガメの，体サイズと回帰間隔の関係，及び (b) 体サイズと成長速度の関係（Hatase *et al.*, 2004より改変）．体サイズは放流時と再捕時の平均値である

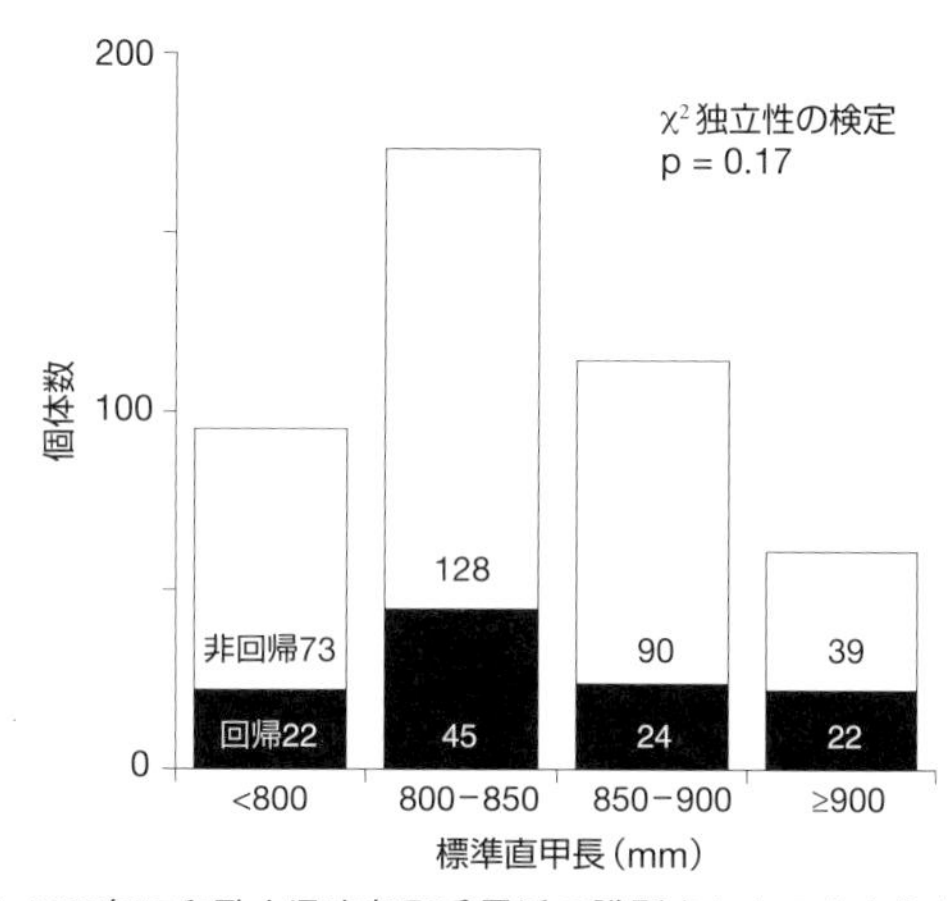

図1・22　1991-1997年に和歌山県南部町千里浜で識別されたアカウミガメ産卵個体のうち，2001年までに回帰した個体と回帰しなかった個体の内訳（Hatase *et al*., 2004より改変）．放流時の標準直甲長で4群に分けている．グラフ内の数字は個体数

いが出ている。

体サイズと回帰間隔の関係を調べるのに用いたデータを使えば、体サイズと成長速度の関係も調べられる。有意な相関はなかったので（図1・21）、餌場の違いがアカウミガメ成熟個体の成長に影響を及ぼすことはないのだろう。平均年成長速度（±標準偏差）は二・五±四・〇ミリで、成体雌はほとんど成長しない。

そして千里浜における産卵個体の、甲長と回帰率（識別個体のうち、その産卵期以後、回帰した個体の割合）の関係を調べた（図1・22）。甲長により四群に分けて算出した回帰率は、二十一〜三十六％であった。統計的に有意ではないが、小型個体の回帰率は大型個体のものより低かった。上述のように、外洋を主な餌場としている小型個体の方が長い回帰間隔をもつので、年生残率が浅海と外洋で変わらなければ、回帰間隔が長い分、小型個体の生残率すなわち回帰率は低下する。回帰率の算出は、第4章の「産み出す子ガメの数の数値化」の節で、屋久島のアカウミガメに対してより詳しく行っているので、参照されたい。

これらの結果に基づくと、繁殖成功度という点において、外洋を主な餌場としている小型個体は、浅海を主な餌場としている大型個体に比べ、大きく劣っているように見える。しかし摂餌者間で繁殖成功度の比較を正確に行うには、この時点では調べた生活史特性が少なすぎた。自らの研究の成熟を待つ必要があった。

アカウミガメの竜宮城探し、及び異なる竜宮城の効果探索は、大学院修了と共に一段落ついた。次に何をするかである。博士課程を終えて、一般企業への求職活動をしたり、公務員試験を受けようという気には全くならなかった。研究を続けることしか頭になかった。まだやり足りなかった。アカウミガメとの比較のために、同じように衛星追跡と安定同位体分析を併用して、他種のウミガメの竜宮城探しをやってみたかった。やるとすれば日本で産卵するもう一つの主要なウミガメであるアオウミガメだろう。どこでやるか。やはり日本最大のアオウミガメの産卵場である小笠原諸島だろう。ここでは過去に標識再捕や衛星追跡でアオウミガメ成体雌の産卵期以後の回遊が調べられており、アカウミガメ成体雌同様に、浅海へ回遊する個体だけでなく、未成熟期のように外洋を漂っている個体もいることが報告されている。小笠原海洋センターとの共同研究ということでやろうじゃないか。まずは現地の様子を見てこよう。ということで大学院を修了した二〇〇二年七月後半に二週間、小笠原海洋センターに滞在を申し入れた。

コラム　豪州語学研修

科学の世界の共通語は英語である。自らの研究成果を英語で学会発表し、英語論文として出版しなければ、世界の人々には伝わらない。英語を母国語としている研究者は、翻訳の必要がないという点で、どれだけ有利なんだろうといつも思う。英語で書いた論文は、英文校閲業者に添削してもらうのだが、それにも結構な費用がかかる。

二〇〇一年三月後半に二週間ほど豪州へ旅に出た。前年の米国での国際学会参加で自らの英語能力の低さを痛感したので、それ以来ラジオの英語番組を熱心に聴くようになった。しかし受動的に聴いているだけでは上達しないので、実際に英語圏の国へ行って英語を話してみることにした。米国では留学していた先輩のおかげでほとんど自ら英語を話すこともなく、旅が不完全燃焼に終わった感がある。大学生協の旅行事業部で調べると、香港経由の豪州への往復航空券がそれほど高くなかったので、これに決めた。出発日の一週間前ぐらいだったが手配してくれた。できるだけ英語を話して意思疎通するために、訪れる都市だけを決めて航空券を買い、宿は予約せずに旅立った。いわゆるバックパッカーである。表向きは語学習得だが、要は春休みなので外の空気を吸いたかったのである。三月の研究室は人もまばらで、行方をくらます人が多かった。学部と大学院が同じ所はこのような感じだが、後に移った大学院からの研究機関である東京大学海洋研究所では、三月でも研究室に人がいた。職場という雰囲気である。

まず関西空港から香港へ飛んだ。乗り換えに数時間待って、豪州西部のパースへ向かった。パース空港での入国審査時に、入国カードに記入漏れがあったようで、荷物を検査されると共に色々と質問された。空港を出た途端、宿を決めずに来たことで物凄く不安に陥った。後先考えずに来てしまったが大丈夫かなと……。見上げた空の青さが別の大陸のもので、何か野生的なものを感じた。パース市内へバスで移動した。旅人が集まる区画のユースホステルで無事、宿を取ることができた。二段ベッドが並んだ八人収容の相部屋だったろうか。様々な国の旅人がいた。鞄に付け

図1・23　パース北部にあるピナクルズ．人間の背丈ほどの高さがある

ていたダイヤルロックを、ロッカーの穴に差し込んでそのまま使う訳ね。台所の冷蔵庫は自由に使えて、スーパーで買ってきた自分の食材に名札を付けて保管していた。晩飯は主に近所のフードコートで食べた。ツアーデスクでパース近郊の日帰りツアーをいくつか予約した。ツアーデスクでも、店によっては手数料を取る所と取らない所があった。

パース北部の海沿いにピナクルズという奇岩群があった。風雨で浸食されて尖った岩が砂漠に大量に屹立しているのである（図1・23）。「荒野の墓標」と呼ばれるのも頷ける。ツアーの車には巨大なバンパーが取り付けられていた。最初何のために付けているのか謎だったが、しばらく走っていると理由が分かった。車道の至る所にカンガルーやワラビーの死体が転がっていた。列車でパース隣の港町フリマントルへ行って、監獄等も見物した。囚人を使って豪州を開拓したという歴史を思い出した。

パースに数日滞在後、中部のエアーズロック（ウルル）へ飛んだ。ここでもユースホステルに泊まる予定だったが満室だった。やむなくバンガローの四人部屋を一人で借りる羽目になった。受付のおばさまが厚意で値引きしてくれた。高低差約三百メートルのエアーズロック登山を楽しみにしていたのだが、残

図1・24　雨天につきウルル（エアーズロック）登山道は閉鎖されていた．アボリジニの聖地なので，登らなくて良かったかも

念ながら雨で岩肌が滑りやすいということで登山道が閉鎖されていた（図1・24）。先住民アボリジニにとっては聖地なので、登らなくて良かったのかもしれない。代わりにエアーズロックを囲む遊歩道を散策した。靴に付いた土の色が赤かった。アウトバック（奥地）特有の赤土である。夕日に照らされた巨大な一枚岩を、豪州産ワインを飲みながら堪能した。近辺にあるキングスキャニオンへの日帰りトレッキングツアーにも参加した（図1・25）。米国のグランドキャニオンと是非見比べてみたいという気になるほど絶景だった。エアーズロックリゾートの売店ではカンガルーバーガーが売っていた。晩飯に食べてみたが、少し生臭かった。

　エアーズロックを発って東部のシドニーへ飛んだ。これで豪州を横断した

図1・25　ウルル近郊のキングスキャニオン．ここも雨でぬかるんでいた

ことになる。ビル一棟丸ごとユースホステルであるシドニーセントラルユースホステルで泊まれるか聞いてみたが、またも満室だった。二日後からなら泊まれるということだったので、予約して別の宿を探した。夜の帳が下りて焦ったが、何とかバックパッカー用の安宿に床をとることができた。安宿だけあって居室やシャワー室が酷く汚れていた。二日間我慢してユースホステルへ移ったらあまりの綺麗さに驚いた。シドニー港には丁度日本の南極観測船しらせが寄港していた。久々の上陸で笑みを隠し切れない日本人乗組員が港を闊歩していた。動物園、海洋博物館、水族館、魚市場等を見学した（図1・26）。シドニー近郊の日帰りツアーにはあまり心惹かれるものがなかった。ブルーマウンテンズツアーに行ったぐらいだ。途中、ブーメランの投擲実演やカンガルー保護区見学等があった（図1・27）。行きはバスで、帰りは途中から船だった。入り江の両岸に建ち並ぶ豪邸を望みつつ、船は茜色に染まった静水の上を走った。幻想的な光景だった。

二週間で周遊三都市は少なかったかなという気がする。各都市での行動が少し間延びした。シドニーを発ち、香港に着いたのが深夜一時ぐらいだった。関空往きはその四時間後ぐらいだったので、椅子に横になって熟睡することもできず、酷く疲れ

図1･26　シドニーのハーバーブリッジ

図1･27　カンガルー．ウルルでカンガルーバーガーを食べたが，少し生臭かった

た。無事に帰国した。今回のような宿を決めない旅は、思いがけない出来事を楽しむという点ではいいのだが、結局お金と時間と精神力を余計に使ったような気がする。以後は予め宿を決めて行くことにした。この旅の主目的であった英語習得に関しては、少しは達成できたかもしれない。旅先で困らない程度の英会話は身に付いた。

私が大学生の頃、バックパッカーのバイブルと言われる沢木耕太郎の『深夜特急』が文庫化され、話題になっていた。第一冊を買ってみたが、その当時、海外旅行はおろか国内旅行さえあまりしたことがなかったので、読んでもあまり感情移入できなかった。途中で読むのをやめてしまった。この豪州横断行き当たりばったりの旅以後、紀行文を読んで面白いと思うようになった気がする。紀行文はそれなりに旅の経験を積まないと、想像して楽しめないもののようだ。

言霊と言われるように言葉には霊力が宿っている。当初考えたこのコラムのタイトルは「逐電」だった。この豪州行きには日常生活からの逃避の面が半分ぐらいあったので間違いではないのだが、逐電だと読者に負の印象を与えてしまう。このタイトルでコラムを書いていても、何となく負の出来事しか思い出せなかった。しかしタイトルを「豪州語学研修」に変えることで、この旅の正の面を強調できるようになった。何事にも正と負の両面がある。誰かに買って読んでもらうことを想定すれば、過剰なほど正を意識した方がいいのかもしれない。そういえば深夜特急は脱獄の隠語だったっけ。タイトルが『脱獄』だったら、あれだけのベストセラーにならなかったろうに。

第2章

アオウミガメの竜宮城を求めて

―― 小笠原諸島

「孵化調査で手に着いた臭いを消すには海で泳ぐといいよ」と、ボランティアの子が言っていたので、小笠原海洋センター地先の海で試してみた。潜って枝珊瑚の群落をしばらく鑑賞してから陸へ上がると、本当に臭いが消えていた。臭い物質と海水の間でどのような化学反応が起こったのか見当がつかないが、これが昔からの知恵というものなのだろうか。夕紅のべた凪の海での戯れは、いつまでも色褪せることなく胸に刻まれている。

一千キロメートル南の東京都、小笠原村

二〇〇二年七月中旬、京都から朝一の上り新幹線に乗った。小笠原諸島への唯一の交通手段であるおがさわら丸が朝十時に東京竹芝桟橋を出港するので、それに間に合わせるためだ。JR浜松町駅から竹芝桟橋まで歩いて約十分。竹芝桟橋は、東京都の離島である伊豆諸島や小笠原諸島への玄関口である。おがさわら丸の雑魚寝の二等船室は人で溢れていた。船に揺られて二十五時間半、小笠原諸島父島の入口に立つ烏帽子岩が見えてきた。二見港へ着岸。初めて降り立った小笠原は曇天で、湿度が高く不快であった。強烈な日差しが照りつけるカラ陽気の南国を想像していたのだが、小笠原は台風の本場である。南海で発生した台風が勢いの衰えないままやってくる。その後の運命を予兆するかのような天気に迎えられての初上陸であった。港には共同研究機関である小笠原海洋センターのスタッフが車で迎えに来てくれていた。港からセンターがある屏風谷まで、歩くと少し距離があるのだ。ちなみに小笠原村で走っている車は「品川」ナンバーである。またアパートを一部屋借りるのに月六万円はかかると聞いた。こういうところが東京都であった。

小笠原海洋センターは、地元ではカメセンターとして知られる。一九八二年から財団法人東京都海洋環境保全協会が運営していたが、二〇〇一年に財団法人が解散となり、現在はNPO法人エバーラスティング・ネイチャーが引き継いで運営している。真面目に働いていたらある日突然職を失うという、酷い話である。私が滞在した二〇〇二年から二〇〇四年は、NPO法人日本ウミガメ協議会が運営していた。当時の所長は山口真名美さんだった。二〇〇二年は所長が丁度出張中で、最終日に御挨拶したぐらいだった。所長の留守中は、南知多ビーチランドから派遣されていた臨時スタッフの近藤鉄也さんと海洋センタースタッフの左古貴典君が仕切

図2・1　父島にある小笠原海洋センターのウミガメ畜養池

っていた。左古君は、一九九九年に南部にアカウミガメ調査の研修に来ていたので、顔見知りだった。宿舎はトレーラーハウスで、冷房も効いてなかなか快適だった。ボランティアの方々や学生と寝食を共にし、朝から深夜まで海洋センターの活動を体験した。この年の滞在は、翌年以降の共同研究のための下見であった。

私が滞在した当時は、センター前の海岸を鋼管の柵で囲った畜養池があった（図2・1）。繁殖期初期である春にカメ漁で捕獲したアオウミガメ成体雌を容れ、砂浜で産卵させていた。卵を人工孵化放流に用いていた。野外ではウミガメは産卵期にほとんど餌を食べないので（田中ら、一九九五）、産卵期が終わって放流する八月まで、畜養池の個体には全く餌を与えていなかった。孵化させた幼体の何頭かは屋外水槽で飼育していた（図2・2）。アオウミガメだけでなく、アカウミガメやタイマイ（図2・3）も飼っていた。水槽掃除はかなり念入りに行っていた（図2・4）。北緯二十七度の亜熱帯では黒黴がすぐ生えるため、二～三日に一度は塩素をかけて水槽の壁をデッキブラシで擦った。父島は慢性的に水不足のため、掃除用の水には

図2・2　ウミガメ水槽

図2・3　タイマイ

図2・4　水槽掃除

水道水ではなく、ポンプで汲み上げた海水を用いた。サイフォンで逐一カメの糞を水槽外へ排出し、水質を保った。外来生物であるグリーンアノールという綺麗な緑色のトカゲを、海洋センター敷地内でもよく見かけた。

父島にはアオウミガメが産卵に訪れる砂浜が点在している。最も産卵が多いのは北東部にある初寝浦（全長三百メートル）・北初寝浦（百メートル）である（菅沼ら、一九九四：図2・5）。ここに陸路で辿り着くには、かなりの時間を要した。島の北西部にある海洋センターから車で山道を約二十分走り、高低差約二百メートルの山道を徒歩で約二十分下ると初寝浦だ。往路は下りなのでいいのだが、調査を終えた帰路に階段を昇るのは結構堪えた。初寝浦からさらに十分ほど山道を歩くと北初寝浦に至る。ロープを伝う山道だった。海洋センターの正装である漁民サンダル（略称漁サン）で山道を上り下りするのは辛いものがあった。

この初寝浦での昼間の調査（通称天パト、天日パトロールの略か？）を、以前海洋センターに勤めておられ、

図2・5　(上)初寝浦と(下)北初寝浦

現在はＮＰＯ法人小笠原自然文化研究所で理事長をされている堀越和夫さんと御一緒することがあった。産卵個体の足跡と孵化の調査だった。長年現場調査をされていることもあり、堀越さんは若々しかった。堀越さんが、「アオウミガメは開けた砂地ではなく、植生に潜り込んで産卵したがるんだ」と、ウミガメの産卵場所選択について語られていたのを覚えている。そういえば南部や屋久島のアカウミガメが植生で産むことは稀だった。

陸路で簡単に行ける父島の他の砂浜では、夜間産卵個体調査（通称夜パト）を行った。煌びやかなバーのネオンサインを横目に、いくつかの浜を車で回った。外来生物であるオオヒキガエルの轢死体が、道路上によく転がっていた。調査の際に逃げられないように、輪のついたロープでアオウミガメ産卵個体の前肢をしばり、木に括りつけるという捕獲技術を見せていただいた。陸路で簡単に行けない父島の他の砂浜や、他の島の砂浜の天パトへは船で向かった。船を海上に留めて、トスロン（密閉容器）に調査道具を詰めて、浜まで泳いだ。南国の強烈な日差しで肌が焼けた。オカヤドカリが昼食の弁当から落ちた御飯粒に寄ってきた。小笠原の青い海はどこまでも美しかった。一日の入島者数を制限している南島の、白い砂浜に転がっていた大量の巻き貝の半化石や、カツオドリの飛翔姿が印象に残っている。

台風襲来

二〇〇二年の滞在期間の半ば辺りに台風が来た。海洋センターは海の側にあるため、台風が来ると安全な場所にある公共施設への避難を余儀なくされる。台風の際にカメを畜養池に容れたままにしておくと波で揉まれて死亡するため、避難する前に、カメを畜養池から引っ張り上げて水槽へ移していた。重い個体で二百キロを超える成体雌約十頭を畜養池から水槽へ移すのは結構な重労働であった。

台風のため、生まれて初めて公民館での避難生活を体験した。お湯を入れてすぐに食べられるアルファ米や、ペットボトルの水等の救援物資が支給された。アルファ米は結構美味だった。図書室から借りた漫画を一日中読み耽って、風雨が落ち着くのを待った。固いコンクリートの床上での生活は腰に堪えた。幸い一泊で避難生活は終わった気がする。再び海洋センターへ戻ったら、悲劇が待っていた。

水槽のカメが死んでいたのだ。死因を探るために解剖して消化管内容物を調べた。落ち葉が充満していたので、死因はおそらく腸閉塞だろうということだった。草食性のアオウミガメが台風で落ちてきた葉っぱを食べたぐらいで死ぬとは、アオウミガメってなんて繊細な生き物なんだろうと思った。死体は水槽の側に穴を掘って埋葬した。

また別の個体は、産卵を堪えきれずに水槽内で水中放卵していた。卵は水中では空気呼吸できないので窒息死する。しかし死んだ卵をそのまま捨てるのは勿体ない。ウミガメの卵は茹でても固まらないと聞いているが、本当かどうか試してみないか、という話になった。卵を鍋に入れて十分ほど茹でた。鶏卵だと卵白が白いゲル状に固まるのであるが、アオウミガメの卵はいくら茹でても卵白がぶよぶよするぐらいで、綺麗な白いゲルにはならなかった。なんとなく固まるということは分かった。

小笠原諸島には日本でも数少ないウミガメ食文化が残っている。東京都の漁業調整規則により毎年の捕獲頭数が決まっており、合法的にウミガメ漁が継続されている。ただし卵を食べるのは禁止されており、味わえるのは成熟個体の肉や脂である。小笠原以外では沖縄県でもウミガメを獲って食べていると聞くが、筆者はまだ沖縄でカメを食べた経験はない。小笠原の食堂では、煮込みや刺身として出されている。煮込みには肉と緑色の脂が入っている。脂の緑色は、アオウミガメが主に食べている海藻に起因しているらしい。アオウミガメの英名グリーンタートルは、この脂の色から来ているようだ。煮込みはお土産用の缶詰としても売られている。一方、刺身は赤身だ。一見するとマグロの刺身のようだった。どちらも美味しくいただいた。

アオウミガメ以外に印象に残っている小笠原の食べ物は、パッションフルーツ、シイラ等だろうか。父島ではパッションフルーツ祭が毎年六月に開催されるほど、この果物が特産品となっている。割って果肉・果汁を種ごと食べるのが斬新だった。一箱買って実家に送ったら、珍しがって喜ばれた。また海洋センターに差し入れられたシイラは、焼いて白身にマヨネーズを付けて食べると美味しかった。小笠原では酒も造られており、ラムやパッションリキュールがお土産の定番である。

滞在中に、港の近くにある小笠原ビジターセンターで、大学院時代に行ってきたアカウミガメの生態研究について講演する機会を頂いた。海洋センターからこのことを小笠原へ行く前に言われていたので、学位講演会で用いたOHPスライドを持参していた。海洋センター関係者から専門的過ぎてよく分からなかったとも言われたが、父島にある首都大学東京の施設からも何人かの研究者が聞きに来て下さっていて、貴重な感想を頂けた。自らの研究を分かりやすく人に伝えるには場数を踏む必要がある。

小笠原村で二週間みっちりと異文化を体験して帰京した。

南国雑居生活

二〇〇二年七月をもって博士号を得た後、研修員という肩書きで引き続き京都にいた。研修員とはお金を払って大学に籍をおく身分である。結構な額の入学金と授業料を大学に納めた。しかし指導教官の坂本先生がその年度をもって退官なので、私も何処かへ移る必要が生じた。当初は東京都板橋区にあった国立極地研究所の、バイオテレメトリーの大家である内藤靖彦教授を受け入れ先として日本学術振興会特別研究員ＰＤへ応募したのであるが、敢えなく落選した。路頭に迷いそうになったときに、その年の十二月に東京都中野区にあった東京大学海洋研究所で開催された共同利用シンポジウム「生物の移動・回遊」で面識を得たウナギの大御所・塚本勝巳教授へ受け入れを打診したところ、許可が下りた。二〇〇三年度から東京での生活が始まった。東京で車を維持できるほどの余裕がなかったので、移転前に、共に各地を巡った愛車を廃した。まだ通算走行距離が十一万キロぐらいだったので十分走れた。名残を惜しんで、付けていたバックミラーを形見とした。トランクに積んでいた緊急用のスコップを友人に分けた。

前年に小笠原でアオウミガメの保護調査活動を体験してきたので、二〇〇三年度も是非アオウミガメの研究がしたいと志願した。衛星追跡と安定同位体分析を併用してアオウミガメ成体雌の摂餌域利用を調べるべく、二〇〇三年は六月初めから二ヶ月半、小笠原諸島に滞在した。前年同様、海洋センターのトレーラーハウスに寝泊まりした。海洋センターには山口所長以下、スタッフの岩田由美さんと堀田優紀さんがいた。この年は野外でのアオウミガメの採卵許可申請が間に合わなかったため、父島の海洋センターと母島漁協の畜養池で飼われていた成体雌が産んだ卵を安定同位体分析用の試料とした。母島での標本採取には、母島漁協が経営するダイビングサービスであるクラブノア母島の金子睦美さん達に御協力いただいた。

野外採卵はできなかったものの、海洋センターの業務としての夜パトを、父島の初寝浦・北初寝浦や、母島の南に浮かぶ無人の平島（たいらじま）で体験した。この経験が翌年の野外採卵で活きた。初寝浦・北初寝浦は、各浜二人で

図2･6　初寝浦入口にて．左が筆者．ボランティアの方がインスタントカメラで撮ってくれた写真

調査した（図2・6）。天幕を張って中に寝椅子を置いていたので、調査の合間に休めて快適だった。アオウミガメは、どちらかの後肢を巣穴に突っ込んだまま産卵するのが特徴的である。アカウミガメは両後肢を踏ん張って産卵するので、屋久島では産卵を開始するとハの字になったと言われる。またアオウミガメは産卵後、一時間ほどかけて念入りに前肢穴埋め（カモフラージュ）を行う。アカウミガメの十分ほどの淡泊なカモフラージュとは対照的である。産卵を終えたアオウミガメに標識を装着して個体識別し、ノギスと巻き尺で直と曲の甲長・甲幅を測った。また孵化調査のために個々の産卵

図2･7　母島のウミガメ蓄養池

巣の位置を記録した。基準となる三つの目印から産卵巣までの距離を巻き尺で測るという三角測量を用いていた。

平島へ行く前に、数日母島に滞在した。父島から母島まで、ははじま丸で約二時間だ。父島の人口二千人に対し、母島は五百人である。父島が都会に見えるほど、母島はこぢんまりとしてのどかな島である。駐在所で映画のDVDを貸してくれるという話を聞いた。漁協の寮に泊めてもらったのだろうか。記憶が定かではない。台所とシャワーは、少し離れたクラブノア母島の職員寮でお借りしたと思う。母島滞在中に、漁協の蓄養池で飼われていたアオウミガメの産卵行動を一晩観察した。母島の畜養池は、海洋センターのものよりも大きかった（図2・7）。平島での調査は、男二人で、三日ほど浜で野営して行った。私が行く前に既に二人、平島で三日ほど野営していて、私はその内の一人と交代だった。平島先住の隊長は小笠原（ユウジ：漢字を忘れました、失礼）さんだった。翌年にも別の小笠原（誠）さんが海洋センタースタッフにいた。どちらも地元の人ではなかったので、小笠原諸島は同じ姓を冠する人を惹き付ける場所なのかもしれない。ちなみに筆者の畑瀬という珍しい姓をネットで検索すると、佐賀県佐賀市富士町畑瀬という地がよく引っかかってくる。我が家の起源がそこだという話を聞いたことはないが、いつか訪ねてみたいものである。

平島でやることは初寝浦・北初寝浦と変わらなかった。しかし産卵個体が多い割に調査道具が一つしかなく、無線もなかったので、毎晩慌ただしかった記憶がある。隊長が、「アオウミガメって本当に絶滅危惧種なの?」と首を傾げるほど、たくさん上陸していた。ゆっくり南国の星空に見とれている暇はなかった。小笠原にはグリーンぺぺという光るキノコが生えているのだが、平島でも初寝浦・北初寝浦でも、夜間産卵調査中に見かけることはなかった。野営中、何を食べていたのかほとんど覚えていない。昼間に漁労採集していた訳ではないので、缶詰でも食っていたのだろうか。インスタントの味噌汁ぐらいしか記憶にない。海水で歯磨きして、口の中の皮膚が荒れた。所長から、自然に優しい洗髪剤として酢を持たされていた。餃子を食べる際にラー油と醤油と酢を混ぜるように、酢は水と油の両方に溶けるからだろうか。休日に父島でドルフィンスイムという野生イルカと一緒に泳ぐツアーに参加した際にも、クラゲに刺された患部を添乗員に酢で治療してもらったことがあった。小笠原では酢を万能薬として用いているのだろうか。無人島での野営なので、茂みに隠れて穴を掘って用を足していた。しかし野外だと普段と勝手が違い、なかなか出ないものである。最終日まで大きいのは出なかった。その用を足した場所が母島の小学生が野営する所だったらしく、平島からの引き上げの際、所長と金子さんから諫められた。

平島での野営中、不思議な体験をした。昼間に目の前の海で泳いで上がってきても、体が塩でべとつかないのである。また数日前から、晴れているのに調査票が湿気を吸ってふやけていた。おかしいなと思っていた矢先、豪雨になった。怪現象はこの低気圧の予兆だったのだ。平島調査を終えて、どこかの島で天パトをするために、船から岸まで泳いだ。岸近くなのに物凄く水深がある、崖に囲まれた美しい入り江だった。まるでフィヨルドのようだった。

小笠原諸島には鮫が多い。岸近くまで寄ってきているのをよく見かける。ネムリブカという鮫で、顔は凶暴だが人は襲わないそうだ。ある休みの日に、父島境浦に泳ぎに行った。ここには第二次大戦中に座礁した濱江丸が沈んでいる。沈没船内部を観察しに潜ったらネムリブカが鎮座していた。人を襲わないと言われても、雰囲気が怖かったので岸壁の方へ急いで引き返した。するとそこでもネムリブカに遭遇。湾全体がネムリブカの縄張りのようだったので、そそくさと海水浴を諦めて浜に上がった。ちなみに小笠原では、圧縮空気の詰まったタンクを背負うスクーバダイビングじゃなくても、フィン・マスク・スノーケルの三点セットを用いたスキンダイビングで、浜から泳いで綺麗な珊瑚を十分鑑賞できる。

小笠原には第二次大戦の遺物が残っていて、ガイドと共に戦跡を巡るツアーもあるぐらいだ。海洋センター前の屏風谷海岸にも赤茶けた残骸が残っていた。ある夜、成体雌がそこに上陸してきたので赴いたところ、不注意にも残骸に足をぶつけてしまった。すぐに治るだろうと思っていたが、二〜三日経っても腫れが引かなかった。村の診療所で診てもらったところ、傷口に錆が入っているので、局所麻酔を打って洗浄する必要があるとのことだった。まさか六十年前の兵器で傷を負わされるとは……。幸い手術後、すぐに治った。海洋センターの正装である、漁サンにTシャツ短パンという露出の多い格好が裏目に出た（図2・8）。父島には海上自衛隊の基地がある。島の診療所で手に負えない救急患者が出た場合は、海上自衛隊の飛行艇で患者を本土へ運ぶ。飛行艇に乗らずに済んでよかったというべきか。しかしあの爆音を鳴らして颯爽と二見湾で離着水する姿を見ると、一度ぐらいは乗ってみたい気もした。むしろ操縦してみたかった。昔見た映画『紅の豚』（宮崎駿

図2・8　Tシャツ・短パン・漁サンの海洋センター正装．蓄養池の砂浜で産出されたアオウミガメ卵を，隣の孵化場へ移植する前に数える

監督）の世界がそこにはあった。

　ある日の午後、海洋センターの畜養池に容れられていたアオウミガメ成体雌一頭が、波打ち際でじっとしているのを見つけた（図２・９）。死んで打ち上がったのかなと思い、生死の確認のために近づくと息をしていた。ハワイのアオウミガメが日光浴することは有名である。冷たい水塊が近づいて体温が低下すると、日光浴で体を温めるために上陸してくるそうだ（Van Houtan *et al.*, 2015）。しかし小笠原のアオウミガメも日光浴するとは知らなかった。ただしこれは飼育環境下でのことなので、天然の砂浜でもしているとは考えがたいし、そういう目撃例も聞いたことがない。

図2・9　海洋センター蓄養池の波打ち際で日光浴するアオウミガメ産卵個体．土左衛門かと思ったが，生きていた

七月下旬までに父島と母島で畜養されていたアオウミガメ三十一個体から安定同位体分析用の卵を集めることができた。次は衛星追跡である。産卵期末である八月上旬に、父島で畜養されていた約十頭のうち、最小と最大の個体を選んで衛星用電波発信器を装着した。体サイズで選んだのは、アオウミガメ成体雌にもアカウミガメ成体雌のように体サイズによる摂餌域利用の違いがあるのかを検証するためである。蓄養池に入ってカメの前肢にロープをかけ、陸へ引き揚げた。意外と大人しく上ってきた。ロープをカメにかける際、寄生虫がカメの体に結構付いていることに気付いた。神奈川からエバーラスティング・ネイチャーの菅沼弘行さん、高橋小太郎さん、及び鳴島浩二さんが装着の手伝いに来てくれていた。カメが付けられた発信器を嫌がって沿岸の岩等にぶつけないように、最小個体は船で沖へ運んで放流した。二百キロを超える最大個体はさすがに船に乗せて運ぶのが難しいので、地先海岸から放流した。どちらも無事に小笠原諸島を離れたが、発信器自体の問題で、三十〜四十日ぐらいで発信が途絶えた。最小個体は伊豆諸島に定着し、最大個体からの発信は外洋遊

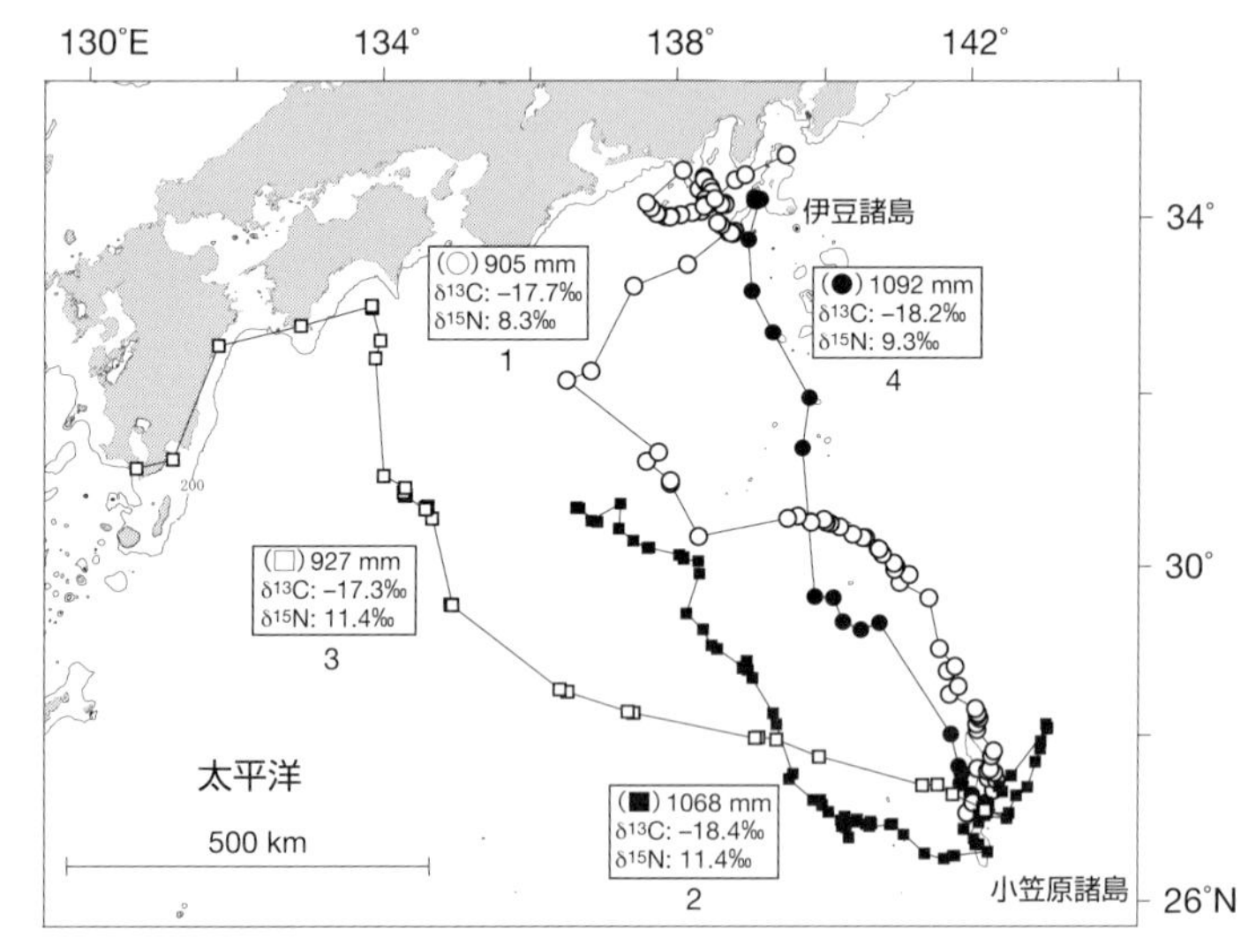

図2・10　小笠原諸島で産卵を終えたアオウミガメ4頭の，人工衛星を介して調べられた回遊経路（Hatase *et al.*, 2006より改変）．等深線：200 m．各個体の標準直甲長と卵黄の炭素・窒素安定同位体比（δ^{13}C・δ^{15}N）も示されている．δ^{13}Cとδ^{15}Nから推察された，伊豆諸島沿岸へ向かった2個体（Nos. 1と4）の産卵前の主食は浅海の海藻，外洋で発信が途絶えた1個体（No. 2）と九州南岸へ向かった1個体（No. 3）のそれは外洋の浮遊生物であった（図2・13参照）

泳中に途絶えた（図２・10）。

海洋センター滞在中に、塚本研究室の大学院生だった渡邊国広君（コラム「すだちの香漂う蒲生田海岸」参照）から、同一個体由来の産卵直後の卵と孵化期間終了後の未孵化卵の間で安定同位体比に違いがあるのか検証したいとの連絡があった。渡邊君は徳島県の蒲生田海岸でアカウミガメの調査をしていたが、徳島県では産卵直後の卵の採取許可が下りず、未孵化卵を利用できないか試してみたいとのことだった。孵化場での孵化調査時（図２・11）に掘り出した未孵化卵を、ビニル袋に入れて構内の棚に放置しておいた。当時鶏を放し飼いにしていたので、鶏が未孵化卵を見つけて、いくつか突いてしまった。鶏が腐ったウミガメ卵まで食べるとは驚きだった。その後は産卵直後の新鮮卵と共に冷凍庫で保管した。

図2・11　海洋センター蓄養池横の孵化場で孵化したアオウミガメ

分析したところ、新鮮卵と未孵化卵の間で同位体比にほとんど違いがなかったようだ。同様の結果は、米国東部のアカウミガメ卵でも報告されている（Ceriani *et al.*, 2014a）。

海洋センターで寝泊まりして肉体労働ばかりしていると、活字に飢えてくる。時間があれば、公民館の図書室に入り浸って本を貪り読んだ。宇宙飛行士である毛利衛さんの自伝が印象に残っている。エアロビクス大会で優勝したとか、活発なことが書かれていた気がする。地球を飛び出すような人は、エネルギーに満ち溢れているのだろう。拙著が同様に、読者にエネルギーを与えていることを願う。夏休みには横浜商科大学の小林雅人先生が学生を連れて小笠原へ実習に来られていたので、海洋センター構内を御案内した。先生達とは帰りのおがさわら丸で一緒だった。複数の友人が小笠原を珍しがって訪ねて来ることもあった。業務の合間に行動を共にすることで、良い気分転換になった。

二ヶ月半に亘る滞在で、小笠原の酸いも甘いも味わい尽くした。離島の日が来た。見送りに来てくれた海洋センターのボランティアの方々が、草花で編んだ首飾りを手向けにくれた。おがさわら丸が出港する際に甲板から海へ放り投げる、再来島を誓う儀式に使えとのことだった。出港の汽笛が鳴り、送別の太鼓が響く中、首飾りを天高く放り投げた。首飾りは回転しながら、船と港の両方からどよめきが起きるほど大きな弧を描いて着水した。

南国独居生活

帰京してアオウミガメ卵の安定同位体分析を行った。海洋研究所生元素動態分野が所有する質量分析計をお借りして同位体比を測定した。父島の畜養池で同一個体が五回産んだ卵塊から、各回五個採取していたので、まず個体内での卵黄の同位体比の変動を調べた。$\delta^{13}C$はほとんど変動がなかったが、$\delta^{15}N$は後に産出された卵塊ほど高い値を示していた。しかしそれほど大きな上昇ではなかったので、アカウミガメ同様、アオウミガメにおいても、産卵期のいつ産出された卵であれ、その個体の同位体比を代表できるとみなした。また個体間の変動を調べたところ、アカウミガメ成体雌で見られたような体サイズによる同位体比の違いは、アオウミガメには見られなかった。二〇〇三年は、安定同位体分析三十一個体と衛星追跡二個体だったので、もう少し標本数を増やす必要があった。翌年の小笠原再上陸を決意した。

二〇〇四年は、父島の海洋センター畜養池で飼われていた産卵個体と、初寝浦・北初寝浦に産卵上陸してきた野生個体から安定同位体分析用の卵を採取した。海洋センターには山口所長以外に、高橋小太郎さんが職員としておられた。初寝浦・北初寝浦での夜間調査に集中するために、六月に二週間強、海洋センター外に宿泊してセンターへ通った。父島にある首都大学東京の施設に宿泊可能か尋ねてみたが、部外者なので受け入れてもらえなかった。やむなく民間の素泊まり宿を借りた。宿はウィークリーマンションのような感じのワンルームで、洗濯機や冷蔵庫等の家具が備え付けられていた。炊飯器や食器もあったので、快適に自炊生活を送れた。初寝浦に夕方着いてすぐに食べる弁当もここで作った。

　東京から送った荷物が入港当日に宿に届くと思っていたのだが、見通しが甘かった。調査道具不備のまま、入港当日に初寝浦へ行く羽目になった。酷い船酔いも引きずっていた。調査を終えて明け方海洋センターへ戻ってきた時には、足取りが覚束なかった。疲労で朦朧とした意識の中、何とか宿に辿り着いた。床に入って間もなく、戸を叩く音で眠りを破られた。てっきり荷物が届いたのかと思い、戸を開けたら珍客襲来であった。どうやって私の入居を聞きつけたのか知らないが、某放送局の受信契約拡張員だった。戸の隙間に片足を突っ込んで強引に侵入し、受信契約を迫ってきた。なぜ宿泊客である私が貸間のテレビの受信契約を結ばなければならないのか解せなかったので、部屋の貸し主に問い合わせてくれと伝えた。貸し主に電話することで拡張員は状況を悟り、舌打ちしながら去っていった。人口二千人の島でも受信契約を迫られるとは驚きであった。荷物が届いたら、誰が来ても居留守を決め込むことにした。しかし某放送局の番組視聴有無に関わらず、テレビを持っているだけで受信契約を結ばなければならないという放送法が未だに解せない。地上波デジタル化が完了した今日、某放送局の番組を見たい人だけ有料のＢ‐ＣＡＳカードを買うようにすればいいのではないかと思う。そうすると売り上げがガタ落ちになるからしないのだろうか。

　宿から海洋センターまで歩いて十分ぐらいだった。十七時頃に宿を出て、朝七時前に宿に帰ってきた。初寝浦に二週間連続で通う予定であったが、最後に台風が来たので連続記録は十一日で途絶えた。この年は漁サンをやめて厚めの中敷きを入れた運動靴を履いていたので、初寝浦への往来の山道歩きがすこぶる楽だった。往

図2・12　衛星用電波発信器を背甲に装着されたアオウミガメ産卵個体

来中、たまに野山羊に出会すことがあった。小笠原諸島では昔飼われていた山羊が野生化し、植生を食い荒らして土壌流失を招くため、駆除対象になっている。一度、鹿のような鳴き声を耳にしたが、野山羊だったのだろうか。野外産卵個体調査を終えて、一端帰京した。

八月中旬に再び来島した。この時は別の素泊まり宿を借りたのだが、某放送局からの刺客襲来はなく、安堵した。前年同様、海洋センターの畜養池で飼われていた最小と最大の二頭を選び、衛星追跡を行った（図2・12）。今回はどちらも地先海岸から放流した。この年も追跡期間が短くどちらの個体も三十日前後であった。最小個体は南九州沿岸へ、最大個体は伊豆諸島沿岸へ回遊した（図2・10）。安定同位体分析用の卵は、飼育と野外を合わせて五十八個体から集めることができた。

発信器装着後、東京行の船の出発まで日があったので、念願だったスクーバダイビングを一日行った。ボートダイブ二本だった。スキンダイビングで何度も小笠原の海中を観察していたので、それほど新鮮味はなかった。カメの産卵期が終了した八月中旬だったので、カメを見かけることもなかった。ガイドさんが海を汚さないように、ゴミの排出には細心の注意を払っていたのが印象的だった。休憩時に船上でウェットスーツを脱いで上半身を露出していたら、酷く日焼けした。南国の日差しを甘く見ていた。その晩は、仰向けになると背中の皮膚が痛むので、横になって寝た。

アオウミガメの竜宮城

東京へ戻って、五十八個体の卵の安定同位体分析を行った。前年の三十一個体の結果と合わせても、やはりアオウミガメ成体雌の体サイズとδ^{13}C・δ^{15}Nには相関がなかった（図2・13）。アカウミガメの時には、卵黄の同位体比と比較するために、自らカメの餌場へ赴いて餌生物を採集し同位体比を測定したが、今回は文献値で事足りたのでそれらを利用した。アオウミガメ成体雌の餌候補を、浅海の海藻、浅海の底生動物、及び外洋の浮遊生物の三つで代表し、三元混合モデルを用いて、主にどの餌を食べていたのかを推定した。八十九個体中、主に浅海の海藻を食べていたのが五十六個体、主に浅海の底生動物を食べていたのが五個体、そして主に外洋の浮遊生物を食べていたのが二十八個体いた（図2・13）。つまり小笠原諸島で産卵するアオウミガメの七割が浅海を、三割が外洋を主な摂餌域としていたことになる。

衛星追跡では、浅海に辿り着いたのが三頭、外洋で発信が途絶えたのが一頭いた（図2・10）。しかし餌生物と卵黄の同位体比の比較によると、衛星追跡された四頭のうち、二頭は主に外洋で浮遊生物を、二頭は主に浅海で海藻を食べていたと推察された。南九州沿岸に辿り着いた一頭の産卵前後の行動が一致しておらず、こ

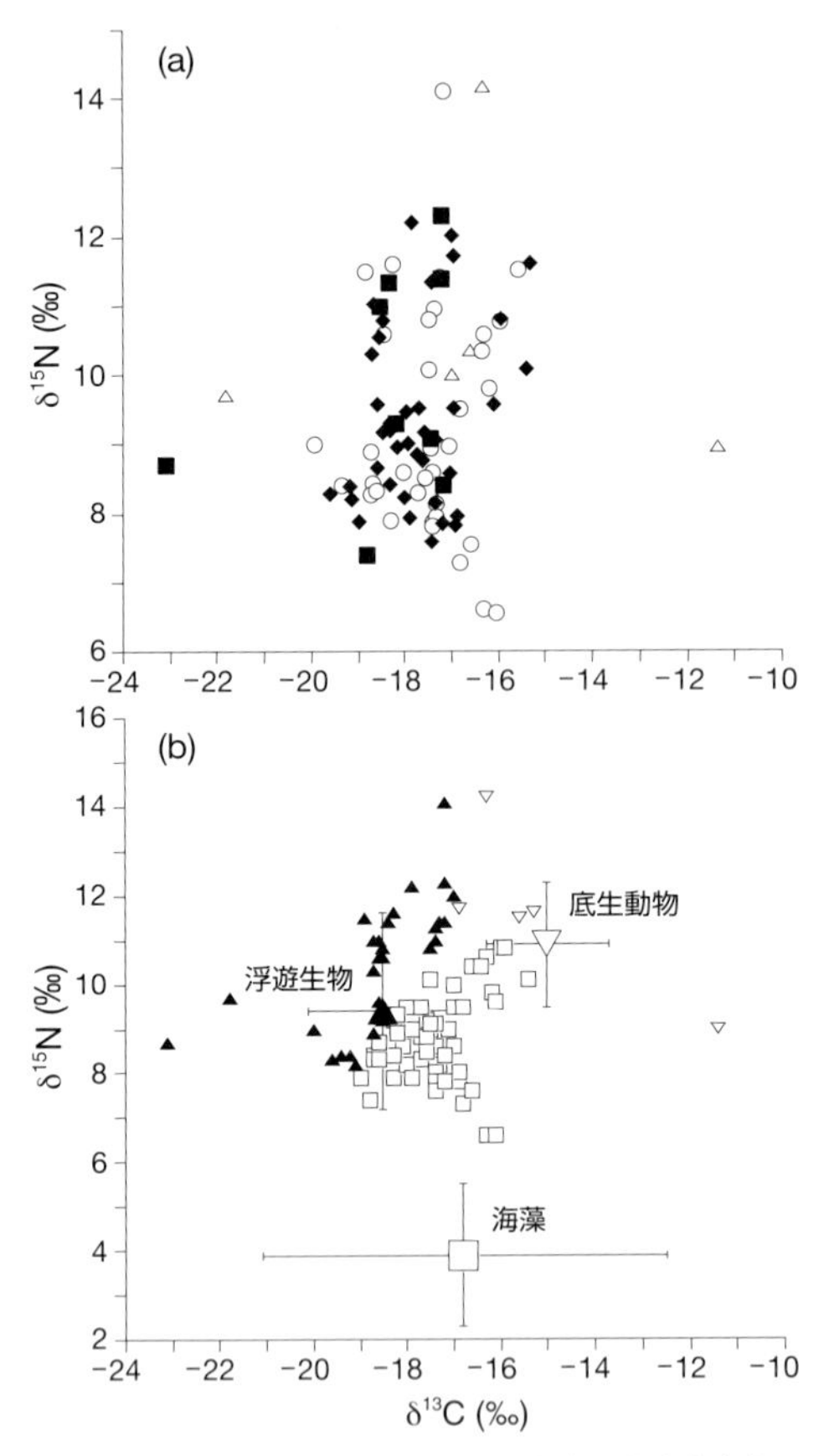

図2・13　アオウミガメの卵黄と餌生物の炭素・窒素安定同位体比（δ^{13}C・δ^{15}N）（Hatase *et al.*, 2006より改変）．（a）は小笠原諸島で産卵したアオウミガメ89個体の卵黄である．1つのプロットが1個体の卵の同位体比を示している．標準直甲長で4群に分けている；△：<900 mm；○：900-950 mm；◆：950-1000 mm；■：≥1000 mm．群間で同位体比に有意な違いは見られない（多変量分散分析，p＝0.09-0.17）．（b）は餌生物と，三元混合モデルでそれらを主食すると推定されたアオウミガメを示す．餌生物の値は平均と標準偏差（大きいシンボル[□：海藻；▲：浮遊生物；▽：底生動物]とエラーバー）で表されている．小さいシンボルはアオウミガメ；□：浅海海藻食；▲：外洋浮遊生物食；▽：浅海底生動物食

の個体の産卵前の主な餌場は外洋であった。アカウミガメで見られたような、衛星追跡と安定同位体分析から得られた結果の一貫性が（図１・10と１・11）、アオウミガメでは見られなかった。

綺麗な結果が出なくて嗚呼残念というところだったが、今回アオウミガメに用いた発信器は、位置だけでなく回遊中の潜水データも取得できる優れものだった。全てではないが、いくつかの潜水において、時間と深度の関係であるプロファイルが取得できた。四頭の外洋遊泳中の潜水データを解析したところ、二頭が浅い潜水を、別の二頭が深い潜水を繰り返していた（図２・14）。餌生物と卵黄の同位体比の比較から、浅い潜水を繰り返していた二頭は主に浅海で海藻を、深い潜水を繰り返していた二頭は主に外洋で浮遊生物を食べていたと推察されていた。特に夜間の潜水行動に顕著な違いが見られた（図２・14）。浅い潜水を繰り返していた二頭は夜間の平均潜水深度が二十メートルを超えることが稀であったが、深い潜水を繰り返していた二頭のそれは二十メートルを頻繁に超えていた。

肺呼吸動物の潜水行動を解釈するには、スクーバダイビングの知識が役に立つ。スクーバダイビングでは水中で浮きも沈みもしない状態である中性浮力を保つことが基礎であると教えられる。中性浮力では手足を動かす必要がないので余計な酸素を消費せず、長く潜っていられるのだ。スクーバダイビングでは、着用したＢＣＤ（Buoyancy Compensating Device）に背負ったタンクから空気を入れたり、ＢＣＤから空気を抜いたりして、浮力を調節する。一方、ウミガメの浮力調節器官は肺である。「流体中の物体は、押しのけた流体の重さと同じ大きさで上向きの浮力を受ける」というアルキメデスの原理を思い出してほしい。カメが水面でたくさん空気を吸えば吸うほど体積が大きくなるので押しのける海水量が多くなり、上向きの浮力が増大する。次に潜水時には、「一定温度下では、気体の体積は圧力に反比例する」というボイルの法則が効いてくる。十メートル

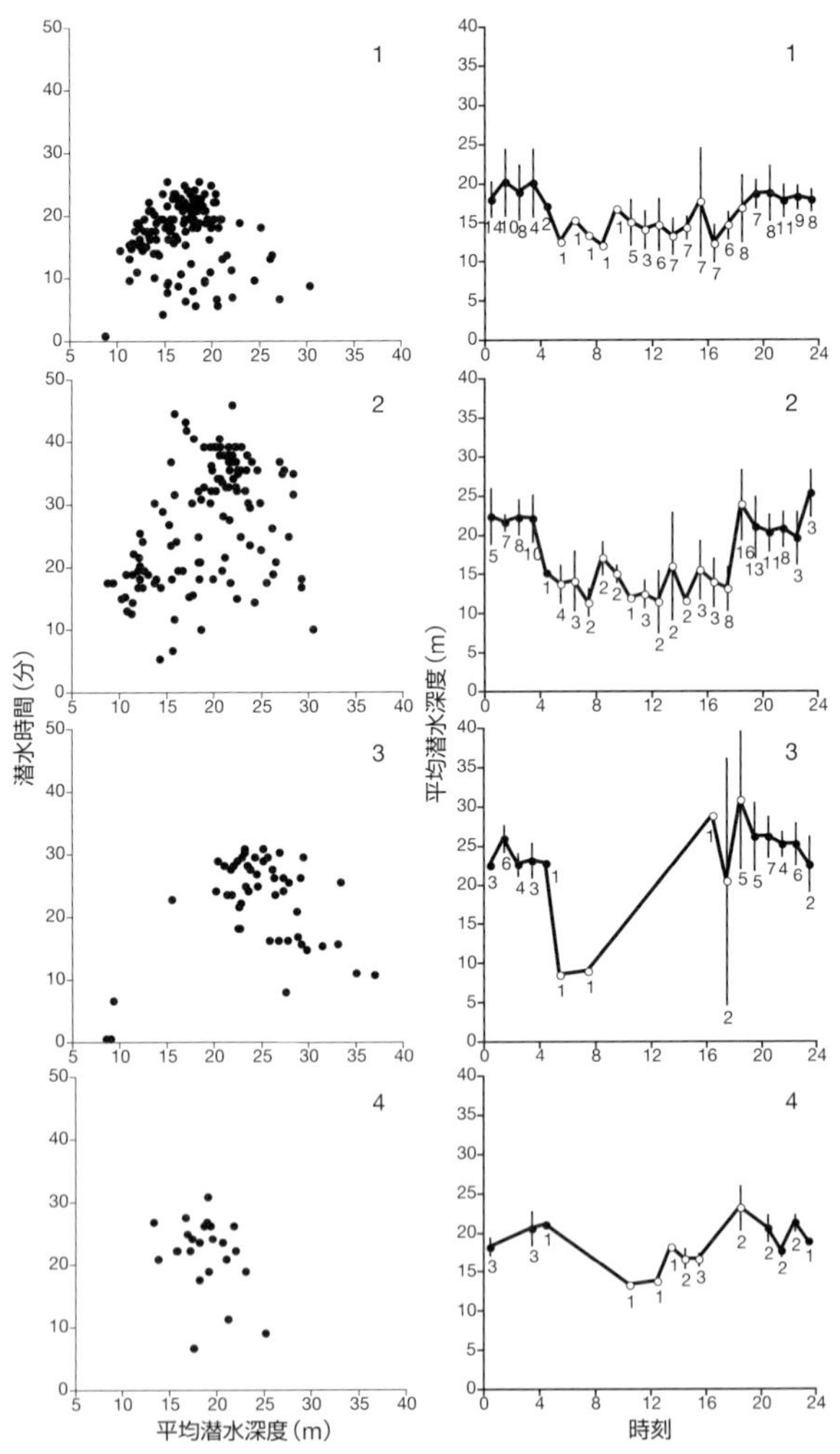

図2・14　小笠原諸島で産卵を終えたアオウミガメ4頭(Nos. 1-4)の，衛星追跡で得られた外洋遊泳中の潜水行動(Hatase *et al*., 2006より改変).(左)平均潜水深度と潜水時間の関係．1つのプロットが1つの潜水を示す．(右)平均潜水深度の日周変化．値は平均と標準偏差．○が昼，●が夜．シンボル下の数字は標本数．$\delta^{13}C$と$\delta^{15}N$から推察された，浅い潜水行動を示した2個体(Nos. 1と4)の産卵前の主食は浅海の海藻，深い潜水行動を示した2個体(Nos. 2と3)のそれは外洋の浮遊生物であった

潜れば水面に比べ二倍、二十メートル潜れば三倍の圧力というように、深く潜れば潜るほど水圧が増して、肺に吸い込んだ空気が押し潰される。スクーバダイビングではタンクから高圧の空気を吸うことで、水圧を押し返し、水中での呼吸を可能にしている。深く潜るほど高圧の空気が必要なので、タンクの空気の減りが速くなるのだ。忍者が出てくる歴史小説等で、水中に潜った忍者が水面へ延ばした管で呼吸する水遁の術を用いることがあるが、高圧の空気を吸う訳ではないので、この術が可能なのは水圧がそれほど大きくない水面下数メートルまでであろう。ウミガメの場合、圧縮空気を容れたタンクを背負って水中で呼吸する訳ではないので、深く潜れば潜るほど肺に吸い込んだ空気の体積が縮まり、上向きの浮力が減少していく。故にウミガメが水面で肺を空気で満たすほど、上向きの浮力が下向きの重力に勝る深度が深くなり、最終的に二つの力が釣り合って中性となる深度も深くなるのだ。

アオウミガメ成体雌が水面で目一杯空気を吸って潜り、中性浮力を保てる最大深度は十七〜二十メートルと考えられている（Hays *et al.*, 2000, 2004）。浅海が主な摂餌域と推察された二頭は、外洋遊泳中の夜間にこの深度を超えることが稀だったので（図2・14）、主に中性浮力を利用して休息していたのだろう。中央大西洋のアセンション島で産卵するアオウミガメが、外洋遊泳中の主に夜間に示す深い潜水の平均深度もほとんど二十メートル未満である（Hays *et al.*, 2001）。水面で休息しないのは、浮かんでいると下から鮫等の捕食者に発見されやすいからではないかと考えられている。一方、外洋が主な摂餌域と推察された二頭は、外洋遊泳中の夜間に二十メートルを頻繁に超えていたので（図2・14）、中性浮力を利用した休息だけでなく、索餌もしていたのではないか。なぜなら中性浮力を保てる深度を超えて何もしなければ海底へ落ちていくだけなので、前肢を動かして揚力を得る必要がある。前肢を動かすにはエネルギーが要る。エネルギー消費に見合うだけの利得がなければこのような行動は採らないだろう。となれば餌を食べに行っていると考えて差し支えない。夜間に日周鉛直移動で浮上してきたヒカリボヤ（Andersen and Sardou, 1994）等の浮遊生物を食べていたのだろう。よって、衛星追跡で得られた外洋遊泳中の潜水行動と、安定同位体分析から推察された食性は一致していた。産卵後に南九州沿岸に辿り着いたが産卵前の餌場が外洋と推定された一個体に関しては、一時的に浅海へ立ち寄ったが、その後外洋へ戻ってくるということなのかもしれない。追跡期間の短さが、結果の不一致を招いたのかもしれない。なお中性浮力を保てる最大深度は、概ねウミガメ類の体サイズに比例しており、タイマイ未成熟個体で七〜十メートル（van Dam and Diez, 1997）、アカウミガメ成体雌で十四メートル（Minamikawa *et al.*, 2000）、オサガメ成体雌では四十〜五十メートルぐらいと推定されている（Fossette *et al.*, 2010）。

話をまとめると、アオウミガメにも浅海と外洋に竜宮城があったことになる。ウミガメの生活史の分類（図1・1）に基づけば、アカウミガメ同様、タイプ2と3の生活史を採るアオウミガメが同一個体群中に共存していることになる。しかしアカウミガメのような、はっきりとした体サイズによる餌場の違いは見られなかった。アカウミガメの外洋の主な餌である浮遊生物と浅海の主な餌である底生動物の間には、体サイズに影響を及ぼすほど大きな栄養価の違いがあるが、アオウミガメの外洋の主な餌である浮遊生物と浅海の主な餌である海藻の間には、体サイズに影響を及ぼすほどの栄養価の違いがない、ということかもしれない。

我々の研究の前に、地中海キプロスで産出されたアオウミガメの卵黄の安定同位体比が測られていた（Godley *et al.*, 1998）。それを見ると、日本のものより δ^{13}C は高く、δ^{15}N は低かった。キプロスで産卵するアオウミガメの主食である海草は、日本のアオウミガメの主食である海藻よりも、総じて δ^{13}C が高いためである。また貧栄養海域である地中海では、海草に付着した藻類等が、大気から海水へ溶存した窒素を固定して利用している。

窒素固定の際には同位体の分別が起こらないので、生じたNH_4^+の同位体比は、大気窒素のそれと同じぐらい低い。そのNH_4^+を取り込んだ海草、及びそれを食べているアオウミガメも、低い$\delta^{15}N$を示すのだろう。

この内容の論文を投稿した際、大御所の査読者に散々に叩かれて却下された。草食性のアオウミガメ成体雌が（Bjorndal, 1997; Hirth, 1997）、外洋で浮遊生物を食べて次の繁殖に備えるなんてありえないと。アオウミガメのそのような行動を記載した、正式に査読されて出版された論文を見たことがないと。別の雑誌へ再投稿して、何とか出版できた（Hatase *et al.*, 2006）。しかし我々が論文発表した後、産卵期以後に浅海へ回遊せずに外洋を漂っているアオウミガメがいるという衛星追跡結果が、ガラパゴス諸島（Seminoff *et al.*, 2008）やマーシャル諸島（Parker *et al.*, 2015）等で報告されるようになってきた。衛星追跡の標本数を増やせば、従来の生活史観にそぐわない行動を示す個体が出てくるようだ。

動物界を広く見渡すと、同一個体群における生活史多型はよく知られた現象であることに気付く。昆虫の分散多型（伊藤ら、一九九二）、魚類や鳥類の部分的渡り（Lundberg, 1988：前川、二〇〇四：塚本、二〇一二）、両生類の任意の幼形進化（松井、一九九六）等である。これらに共通するのは、ある個体は元いた生息域に留まり、他の個体は別の生息域へ移出するという、任意の生息域移行現象である。アブラムシやカメムシには有翅（長翅）型と無翅（短翅）型がある。生息地の悪条件で生じた有翅（長翅）型は、遠くの寄主へと分散する。またサケの生活史は、川で生まれ、海へ下って成長し、再び繁殖のために川へ戻ってくるというのが一般的だが、サクラマスのように、同一個体群から一生川で過ごす個体（ヤマメ）が出現することもある。サケとは全く逆の現象が、ウナギに見られる。海で生まれ、川を遡上して成長し、再び繁殖のために海へ戻ってくるというのが一般的なウナギの生活史だが、同一個体群から一生海で過ごす個体も出現する。さらに湖沼で産卵するある種のサンショウウオからは、変態して上陸する個体と、幼形成熟して一生を水中で過ごす個体の両方が生じる。そしていくつかの渡り鳥には、繁殖してその場に留まり続ける個体もいれば、摂餌・越冬場へ渡る個体もいる。

アカウミガメやアオウミガメの同一産卵群内で見られたタイプ2と3の生活史も、初期生活中に外洋に残留する個体と浅海へ移行する個体から生じていると捉えることができる。衛星追跡と安定同位体分析の普及に伴い、かつては追跡不可能だった大型海洋動物であるウミガメにおいても、ようやく同一個体群における生活史の多型現象に取り組めるようになった。次章からは上記のような扱いやすい生物で成された研究を参考にしながら、なぜウミガメの生活史に多型が生じるのか、多型にどのような効果があるのかといった、多型の出現及び維持機構に切り込んでいく。それらを追究することで、なぜウミガメ類が一億年以上も生き残ってこられたのかが分かるかもしれない。またなぜこの世に多様な生物が存在するのかの理解の一助になるであろう。小笠原諸島でのアオウミガメの研究以後は、餌場の違いがはっきりしているアカウミガメに対象を絞って、上記の課題に取り組むことにした。

コラム　すだちの香漂う蒲生田海岸

二〇〇四年の小笠原調査を終えた後、塚本研究室の大学院生だった渡邊国広君の調査の手伝いで、九月に徳島県の蒲生田海岸へ行った。神戸からバスで明石海峡大橋を渡り、徳島で渡邊君達と合流した。蒲生田海岸は紀伊水道に突き出た蒲生田岬の先端にあり、辿り着くまでの道がかなり険しかった。二〇〇二年秋に阿南市で開催された第十三回日本ウミガメ会議後の浜見学で一度訪れたことがあった。全長四百八十メートルの浜に、一九五〇年代末には年間八百近くのアカウミガメの上陸（注：巣数ではない）があったのだが、現在では年間五十を下回るまでに減ってしまった（鎌田、二〇〇二）。立派な堤防や離岸堤で守られた浜を見ると、それも頷ける。後背地にほとんど人が住んでいないのにこんな立派なものを築く必要があるのだろうかと誰もが首を傾げるだろう。土木建築でしか経済が回らない日本を象徴しているような、無残な光景だった。椎名　誠や野田知佑の著書でよく述べられている光景だ。渡邊君は塚本研の博士課程へ移ってくる前からここで調査を続けていた。休校になった小学校の施設を借りて宿舎としていた。地元の人に、徳島名物の柑橘類である、すだちを貰ったのが印象的だった。

この蒲生田海岸は、内田　至博士、内藤靖彦先生、坂本　亘先生達により、アカウミガメの先駆的な研究が成された所でもある。ここで一九七〇年代初頭に測定されたアカウミガメの平均直甲長は九百ミリ近い（内田、一九八一）。我々が南部で一九九〇年から二〇〇一年にかけて測った平均直甲長が八百二十五〜八百五十五ミリだったことを考えると（図1・17）、随分大きい。一九七〇年代の南部のデータがないので比較できないが、昔のアカウミガメは大きかったのだろうか。二〇〇二〜二〇〇四年に蒲生田海岸で測定された産卵個体の平均直甲長は八百二十八ミリで、昔に比べるとやはり小さい（渡邊、二〇〇六）。ちなみに一九九二〜一九九四年に屋久島、宮崎、及び南部で測られたアカウミガメの平均直甲長は、それぞれ八百五十六、八百四十五、八百三十二ミリで、三つの産卵地間で有意な違いが見られる（亀崎ら、一九九五）。

昔この蒲生田海岸で、カメの行動を追跡するために背負わせていた衛星用電波発信器や水深・水温記録計の一式は非常に大きかった（坂本ら、一九九一）。背甲全体を覆うほどである。今では若齢個体に付けられるまで小型化が進んでいる。将来は孵化幼体に付けられる衛星用電波発信器も出てくるだろう。

渡邊君の調査は、巣から脱出してきた孵化幼体に、電波発信器を乗せた浮きを牽引させて、二十四時間漁船で追跡するというものだった。残念ながらこの発信器は衛星に対応していなかった。人力追跡である。日没後、追跡を開始した。艫で八木アンテナを掲げて電波を拾った。闇の中、漁船の揺れやエンジンの排気ガスの臭いで酷く酔った。トイレがないので、嘔吐も便も舷側からするように言われた。舷側からの排出は意外と爽快だった。払暁と共に気分が晴れた。お天道様の力は偉大である。予定通り追跡は成功し、最後に子ガメに付けた発信器を回収して終わった。もう一回やりたいとは思わない、過酷な調査体験だった。

コラム　国際学会（其之弐）：米国でハンバーガーに胸を焦がす

二回目の国際学会参加あたりから、国際学会は発表云々よりも見聞を深めるために存在すると割り切って、学会前後に色々と観光するようになった。二〇〇五年一月中旬に米国南東部のジョージア州サバンナで開催された第二十五回ウミガメ生物学・保全シンポジウムに、小笠原諸島でのアオウミガメの研究成果を発表するために出席した。今回はポスター発表だった。発表が終わったらポスターを捨ててこようと思って、プラスチックの円筒に入れずに丸めて剝き出しで持って行った。飛行機が満席で、ポスターの置き場所に困った。二〇〇〇年以来、二度目の米国上陸である。シカゴ経由便で行った。会場はサバンナ川ほとりのリゾートホテルだった（図2・15）。シンポ主催団体の旅費助成に当たっていたので、滞在費を払わなくて済んだ。しかし二人部屋に四人詰め込まれた。私以外の男性三人はインドから来ていた。ダブルベッドが二つしかなかったので、エクストラベッドを入れるようにフロントに頼んだら、けんもほろろに拒否された。仕方なくベッド一つを二人で分けて寝た。当時あまり海外経験がなかったので過剰に警戒してしまったが、皆善い人だった。

シンポを終えて、再びシカゴ経由でラスベガスへ飛んだ。憧れであったグランドキャニオンツアーのためである。

図2・15　第25回ウミガメシンポ会場．米国ジョージア州サバンナ

発表に来ていた奥山隼一君と同行した。ラスベガス発の二泊三日のマイクロバスツアーだった。ガイド兼ドライバーの好青年が日本語を話せたので道中快適だった。我々以外にも日本からツアー参加者がいた。日本人は海外で同胞に会うと知らんぷりしたがるとよく言われるが、最初はそんな感じだった。そのうち打ち解けた。どこまで行っても車窓からの眺めは、日本ではお目にかかれない西部らしい荒涼とした大地であった。宿泊したグランドキャニオンサウスリムは標高二千メートルを超えており、肌寒かった。夕方と夜明けに見たグランドキャニオンは、遙か先まで延々と続く静寂の峡谷であった（図2・16）。自然の造形、畏るべし。かつて訪れた豪州ウルルのキングスキャニオン（図1・25）とは規模が違った。グランドである。グランドキャニオン以外にも、モニュメントバレーやアンテロ

図2・16　グランドキャニオン

図2・17　モニュメントバレー

ープキャニオン等の有名どころに立ち寄った。西部劇によく出てくるモニュメントバレー（図２・17）では、ナバホの露天商がアクセサリーを売っていた。この後訪ねる米国赴任中の友人へのお土産に、首飾りを購入した。このツアーのためにフィルムカメラからデジタルカメラへ買い換えたのが正解だった。フィルムの現像代を気にする必要がなくなったので、大量に写真を撮るようになった。下手な鉄砲も数撃ちゃ当たるので、いくつかいい写真が撮れて満足した。

ツアー前後にラスベガスを楽しんだ。空港にさえスロットマシンが置かれているラスベガスは、まさしく一大娯楽都市だった。カジノにも行ったが、スロットマシンにお金を吸われて終わった。客に時間を気にせず遊んでもらうように、カジノ内に時計がないのが印象的だった。またプライバシー保護のため、カジノ内は撮影禁止だった。連日様々なショーが各ホテルで催されていた。泊まったホテルで洗濯できず、一キロほど離れたコインランドリーまで洗濯物を担いで歩いたのはご愛敬というべきか。ラスベガスの街並みが一望できる高い塔の屋上壁際に、昇降する遊具が設置されていたので、怖い物見たさに乗ってみた。最初、物凄い勢いで加速上昇したので、このまま大気圏外へ飛び出るのではという錯覚に陥った。

次の目的地へ向かうために、ホテルからラスベガス空港までタクシーに乗った。降りる時にチップを含んで紙幣を渡し、「何ドルか戻せ」といったら、「釣り銭が切れている」とはぐらかされてしまった。米国ではチップ用に最初から細かい紙幣やコインを準備しておいた方がいいようだ。しかしチップの習慣のある国では、毎回計算が面倒だ。

ラスベガスを発って、三たびシカゴ経由で、ニュージャージーへ向かった。赴任していた大学時代の友人を訪ねるためだ。距離的には東海岸のサバンナからニュージャージーへ飛んだ方が近いのだが、友人の仕事の都合やグランドキャニオンツアーの出発日の関係上、先にラスベガスに寄ったのだ。頻繁にシカゴを経由したものの、立ち止まって観光する余裕がなかった。五大湖もついでに見ておけば良かった気がする。友人宅からニューヨークが近かったので、マンハッタンを散策することにした。ニュージャージーから列車でマンハッタンへ向かった。車中、健常そうな若者

図2・18　自由の女神像

に「私は話すことができません。お恵みを」と書かれた紙切れを無言で渡された。皆に渡していた。どうしようと思っていた矢先、少女が毅然と紙切れを突き返していた。なるほどどこうやって撃退すればいいのかと思い、私も真似をした。列車でこのような押し売りまがいの行為に出会すとは、ニューヨークって怖い所だなと思った。

ともあれマンハッタンのペンシルヴェニア駅に着いた。マンハッタン、これほど高層ビルが密集している街に来たのは初めてだ。川と海に囲まれた一月のマンハッタンは寒かった。あまり市中で雪を見かけなかったが、気温はマイナス十℃ぐらいまで下がっていたろうか。皆信号を守らず、赤信号で立ち止まると変な目で見られた。地下鉄の座席は日本とは違いプラスチック製だったのでひんやりして硬く、あまり座り心地は良くなかった。

マンハッタン島の南端から自由の女神があるリバティ島行きフェリーに乗ると、氷塊が海の上にいくつも浮かんでいるのが見えた。船内でコーヒーを一服し、体を温めた。澄んだ青空に緑色の巨像が映えていた（図2・18）。リバティ島の売店で食べたハンバーガーが脂っこくて胸が焼けた。米国で食べた本場のハンバーガーというと、これを思い出す。仕事を終えた友人と夜、合流した。タイムズスクエアで値引きされたチケットを買い、ブロードウェイミュージカルを鑑賞した。翌日は友人が休日だったので、朝から晩までニューヨークを案内してもらった。友人の車でニューヨークへ行ったのだが、車中、日本車はこちらでは中古でも値下がりしないという話を聞いた。それだけ壊れないので信頼があるということなのだろう。マンハッタンに着いて、メトロポリタン美術館、雪がたくさん積もっていたセントラルパーク、屋外アイススケートリンクがあるロックフェラーセンター、ジャズの生演奏が聴けるブルーノート等の定番観光名所を堪能した。

帰路はニューヨークから成田までの直行便なので楽だった。お腹いっぱいの米国漫遊を終え、無事に帰国した。

第3章 アカウミガメの二つの竜宮城

―― その原因

屋久島前浜には堤防に囲まれた松林がある。その中に一際目立つ一木が聳えている。同じ形が延々と続く堤防に沿って夜中砂浜を歩いていると、自分がどこにいるのか分からなくなるが、その一本松が目印となる。月下のその濃紺の佇まいは、冒しがたい威厳に満ちている。松籟、潮騒と合い奏でる。

餌場での潜水行動

同じ砂浜で産卵するアカウミガメでも、なぜ浅海と外洋という大きく異なる餌場を利用する個体がいるのだろうか。その原因を追及する前に、まだやり残していることがあった。一九九九年に南部でアカウミガメに装着した衛星用電波発信器では、位置データしか得られなかった（Hatase *et al.*, 2002d）。一日当たりの位置決定回数等から摂餌期の潜水行動を推察したりしたが、浅海と外洋の間での違いがはっきりしなかった（Hatase and Sakamoto, 2004）。故に実際に浅海や外洋で想定されていた食性と一致する潜水行動をとっているのかは不明であった。すなわち東シナ海陸棚に定着した大型個体は本当に百メートルも潜って底生動物を食べているのか。外洋の太平洋を漂っている小型個体は本当に浅い深度しか利用していないのか。実は外洋で何千メートルも潜って底生動物を食べていることはないのか、という疑問である。これを検証すべく、小笠原のアオウミガメに用いたような回遊中の潜水データを記録できる衛星用電波発信器を、二〇〇五年に屋久島でアカウミガメ産卵個体に装着することにした。発信器一台に約五十万円、衛星利用料が一台につき一日約千五百円かかるので、日本学術振興会特別研究員PDの研究費及び民間財団からの研究助成金を合わせても、二頭の追跡が限度だった。

六年ぶりに屋久島の地を踏んだ。前回は京都からの車と船での長旅だったが、今回は飛んで来た。羽田から屋久島までの飛行機の直行便はなく、鹿児島で乗り換える。伊丹‐屋久島間と、福岡‐屋久島間には直行便があるので、飛行に要する燃油の量、機体の大きさ、滑走路の長さ等が関わっているのだろうか。早めに航空券を購入すれば、鹿児島‐屋久島間よりも羽田‐鹿児島間の方が安くなることがある。最近はLCC（ローコス

図3・1　かめハウスと展示資料館の間の通路で涼む若者達

トキャリア：格安航空会社）の成田－鹿児島便も就航しているようだ。鹿児島－屋久島間には高速船もあるが、鹿児島空港から鹿児島港に至るまでが遠く、時間がかかる。また船は飛行機よりも、運航が天候に左右されやすいようだ。屋久島空港から永田までは路線バスで約一時間かかる。バスは一日数本しか走っていないので、飛行機が遅延したりすると大変だ。一度空港から永田までタクシーを使ったことがあるが、六千円ぐらいかかった。

産卵期末である七月中旬から二週間、永田にある屋久島うみがめ館のボランティア宿舎、かめハウスに滞在した。六年経つと私より年上のボランティアの方々は稀で、歳月の流れを感じた。六年前は大牟田法子さん一人で事務を切り盛りしていたが、二〇〇一年からのNPO法人化に伴い、事務室を展示資料館横に増築して、スタッフの大内在絵さん達を配置していた。梅雨が明けて最も暑い時期だった。当時かめハウスにはエアコンがなかったので、夜間産卵個体調査を終えて明け方眠りにつくと、室内の暑さで汗だくになり目が覚めた。ハウス外の通路

図3・2　体内標識，挿入用注射器，及び読み取り器

にある長椅子の上で寝ている方が涼しかった（図3・1）。六年前よりも作業が多くなったような気がした。特に掃除関連が。かめハウスにいる間は、私的な時間がほとんどなく、常に作業に追われているような状態なので、落ち着いて論文を読み書きするような時間は、残念ながらない。

うみがめ館ではこの年から体内標識を導入し始めていた（図3・2）。ウミガメの体外に付けるプラスチックや金属製の標識は数年で脱落するからだ。犬猫等のペットに使われているのと同じ体内標識である。マイクロチップを注射器で前肢付け根の皮下に打ち込む。装着箇所に専用の機器で電波を当てることで、個体番号を読み取ることができる。マイクロチップが体外へ自然排出されることはまずないので、読み取り器さえあれば半永久的に個体識別できる。マイクロチップは一本千円もする高価な機器だ。私が滞在したのは産卵期末だったので、ほぼ全てのカメに標識が付けられており、この年は体内標識を付ける機会がなかった。装着は、産卵中か産卵後の後肢穴埋め中に行う。産卵中に行うと稀に痛がって産卵を止めてしまう個体がいるので、その場合は後肢穴埋めを始めるまで待つ。装着の際、カメが出血することは稀である。後肢穴埋めを終えて前肢で巣穴をカモフラージュしている際は装着を控えた方がいい。前肢を激しく動かしているので、正確に皮下注射するのが難しい、カメが出血することが多い。注射器の針は鋭利なので、取り扱いを誤ると装着者自身が出血する。筆者も何度か流血沙汰を起こしている。

衛星追跡に話を移す。前浜で産卵を終えたアカウミガメの小型個体と大型個体を選んで捕獲し、発信器を装着した（Hatase *et al.*, 2007）。どちらも一本松の下辺りで捕らえた。一本松辺りは暗いのでカメがよく上がるのだ。装着にはボランティアの方々に御協力いただいた。じゃんけんで勝った人の名前をカメに付けようという話になった。私と大牟田さんが勝ち残ったので、小型を英子、大型をかずこと命名した。発信器を付けて乾いた接着剤の上に記名した（図3・3）。怪我人のギプスにお見舞いの言葉を記すような風である。この当時のボランティアの方々の何名かは屋久島で職を得て生活を営んでおられるので、たまにお目にかかる。十年以上前の奇縁である。

この時用いた発信器では、個々の潜水プロファイルが記録される訳ではなく、予め設定した二百五十メートルまでの七つの深度層における滞在時間が六時間毎にまとめて記録されていた。送信直前の表面水温や潜水時間も記録していた。衛星を介したデータの取得には、Satellite Tracking and Analysis Tool（STAT; Coyne and Godley, 2005）を用いた。これを用いれば、処理センターからデータを自動取得できるばかりでなく、その位置にまつわる表面水温や地衡流等の環境情報も同時に得ることができる。利用料として一台につき百ドルの協力金を支払った。

図3･3　屋久島永田の前浜で衛星用電波発信器を背甲に装着されたアカウミガメ：(上)小型産卵雌［標準直甲長795 mm］と(下)大型産卵雌［900 mm］

放流後、期待通りに、小型個体は外洋太平洋を漂い、大型個体は一時的に外洋太平洋へ出てから東シナ海陸棚へ定着した（図3・4）。産卵地から一目散に東シナ海陸棚へ回遊する個体が多いので（Sakamoto *et al.*, 1997：図1・11）、この大型個体が示した行動は珍しい。新たな餌場を探していたのかもしれない。小型個体は半年間、大型個体は四ヶ月間追跡できた。各個体は各海域で想定されていた食性と完全に一致する潜水行動をとっていた。外洋を漂っていた小型個体は追跡期間中、二十五メートル以上潜ることなく表層を使い続けた。伊豆諸島近海や黒潮続流域では、異なる水塊がぶつかる前線に沿って移動しており、昼間の表面滞在時間が夜間よりも長かった（図3・4）。中央北太平洋のアカウミガメ未成熟個体のように、前線に収束したアサガオガイやカツオノカンムリ等の表在性の浮遊生物を主に捕食していたと思われる（Parker *et al.*, 2005）。また夜間の方が昼間よりも潜水時間が長かった。アカウミガメが中性浮力を保てる最大深度は十四メートルぐらいまでと考えられているので（Minamikawa *et al.*, 2000）、夜間は主に中性浮力を利用して休息していたと思われる。日周鉛直移動で夜間浮上してきたヒカリボヤ等を捕食していた可能性もある（Parker *et al.*, 2005）。一方、大型個体は陸棚定着後の二ヶ月間、頻繁に昼間百メートル以上潜って海底に達していた（図3・4）。貝やカニ等の底生動物を索餌していたのだろう。夜間は主に二十五メートル以浅を利用していたので、中性浮力を利用して休息していたと思われる。昼と夜で潜水時間に顕著な違いは見られなかった。

小型と大型が主に昼間の摂餌を窺わせる潜水行動を示していたことは、アカウミガメが主に視覚に頼って餌を探していることを示唆する。アカウミガメ成体雌が摂餌期に示す潜水行動の日周性は、地中海や南アフリカでも報告されているが（Papi *et al.*, 1997; Godley *et al.*, 2003）、南アフリカでは夜に浅くて短い潜水が記録されている。対照的に、いくつかのアシカやオットセイ等の海産哺乳類の潜水行動には顕著な日周性が見られず、

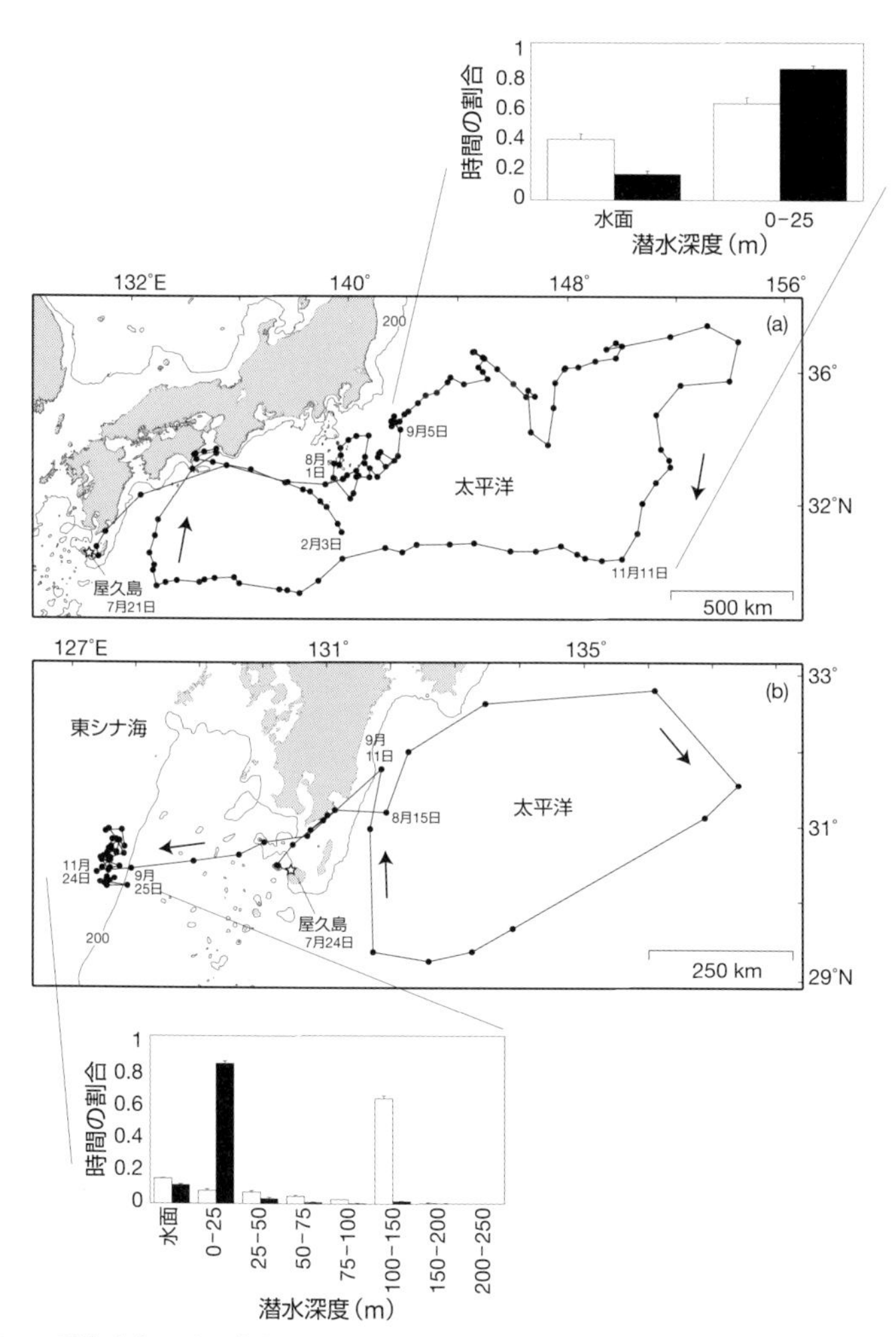

図3・4　屋久島永田浜で産卵を終えたアカウミガメ2頭の，人工衛星を介して調べられた回遊経路と潜水深度（Hatase *et al.*, 2007より改変）．矢印は回遊方向を示す．等深線：200 m．潜水深度は，昼（□：9-15時）と夜（■：21-3時）に，各深度層で過ごした時間の割合で表している．値は平均と標準誤差．(a)は小型個体（標準直甲長795 mm）．前線が発達する黒潮続流域では，昼に水面滞在時間が長く，夜は主に0-25 mで過ごしていた．(b)は大型個体（甲長900 mm）．東シナ海陸棚縁辺部では，昼は主に100-150 m（海底）で過ごし，夜は主に0-25mで過ごしていた

夜でも海底近くまで潜っている。視覚以外の他の感覚を使って索餌していると思われる。

また季節的な水温低下に伴い、両個体の潜水時間が長くなる傾向が確認された。最長潜水時間は、紀伊水道で小型個体から得られた、表面水温十八℃の時の五時間二十分だった。爬虫類であるウミガメは変温動物なので、外部温度の低下に伴い体温も低下する。体温が低下すれば、代謝も低下するので、あまり酸素を消費しなくなる。故に長い間潜っていられるのだ。現在本種の最長潜水時間は、キプロスの産卵個体から衛星追跡で得られた、十時間十四分である（Broderick *et al.,* 2007）。これはウミガメ類の中でも最長記録かもしれない。

かめハウス滞在中に、永田川上流にある横河渓谷でボランティアの慰労会があった。天然のプールがあり、Tシャツ短パンのまま泳ぐと気持ち良かった。バーベキューと流しそうめんを楽しませていただいた。夏休みの佳き思い出となった。

エネルギー収支と回帰間隔

エネルギーとは仕事をする可能性である。それは様々な形に姿を変える。車を動かすにはガソリンという化学エネルギーが要る。エンジン内でガソリンを燃焼させることで、化学エネルギーを運動エネルギーに変換して、車輪を回転させている。同様に、生命活動を営むためにはエネルギーが必要である。地球上の生命体のエネルギーの源は太陽である。植物が光合成で、太陽の光エネルギーを有機物という化学エネルギーへと変換する。動物は植物もしくは他の動物を食べて、そこに含まれる有機物を消化吸収することでエネルギーを獲得する。そもそもガソリンも化石燃料と言われるように、太古の動植物の遺骸が変性してできたものなので、そのエネルギーの大本は太陽である。すなわち五十億年後に太陽が活動を停止すれば、それに依存している地球上の生命体も死に絶える。

動物のどういう活動にどれくらいのエネルギーを消費するのかが分かれば、どれくらい餌としてエネルギーを取り込む必要があるのかが分かる。これをエネルギー収支という。必要量の餌を得られなければ痩せ衰えて死に至るだろう。逆に必要量以上の餌を得られれば、余剰エネルギーを脂肪として蓄えたり、成長や繁殖等に配分できる。ダイエットを思い浮かべてほしい。脂肪を減らすために激しい運動をしたとしても、食べ過ぎれば痩せることはない。一般に、変温動物は恒温動物よりも、同じ体重ならおよそ十分の一のエネルギーで生きていける（本川、一九九二）。体温を一定に保つための熱エネルギーを要しない変温動物は、それだけ省エネな生活を送っているのだ。

繁殖のためのエネルギーが溜まらなければ繁殖を翌年以降に延期するという現象は、魚類から哺乳類にかけて広く知られている。アオウミガメやオサガメの異なる個体群間においては、餌の質や量の違いが、次の繁殖までに要する年数である回帰間隔の差異を引き起こしていることが報告されている（Bjorndal, 1982; Wallace *et al.*, 2006a）。第1章の最終節「異なる竜宮城の効果」で述べたが、日本のアカウミガメの同一産卵群内においては、統計的に有意ではないものの、小型の産卵個体ほど回帰間隔が長く、大型個体ほどそれが短かった（図1・21）。これには体サイズによる餌場の違いが関わっていることが示唆された。二〇〇五年の衛星追跡結果と過去の知見を合わせることで、アカウミガメ産卵個体の産卵と摂餌に伴う一連の行動を把握できるようになったので、エネルギー収支の観点からこの回帰間隔の個体群内変異を説明できないだろうかと思うようになった（Hatase and Tsukamoto, 2008）。

表3・1　南部で産卵するアカウミガメ小型個体と大型個体の，エネルギー及び餌要求量（Hatase and Tsukamoto, 2008より改変）

成分	小型（70 kg）	大型（90 kg）
繁殖エネルギー（MJ）		
卵塊	56	64
産卵活動	1	1
産卵期の海での活動	68	87
産卵場と摂餌場の間の往復回遊	878	282
計	1003	434
餌のエネルギー（$kJ\ kg^{-1}$ 湿重量）	ヒカリボヤ，310	ハマグリ，4940
繁殖エネルギーを蓄えるのに要する餌量（kg）	4043	275
摂餌場で１日の摂餌と維持に要するエネルギー（kJ）	4766	5754
１日の摂餌と維持のエネルギーを賄うための餌量（kg）	19.3	3.7
１日の最大摂餌量（kg）	28.7	14.4
１日に繁殖に回せる餌量（kg）	9.4	10.7
繁殖エネルギーを蓄えるのに要する最短日数	430	26

　まずアカウミガメ産卵個体が、産卵期、及び産卵場と摂餌場の間の回遊期に、どれくらいのエネルギーを消費するのかを計算する。これは、①産み出す卵塊自体のエネルギー、②上陸して産卵するのに要するエネルギー、③産卵と産卵の間に海で消費するエネルギー、及び④往復回遊に要するエネルギー、の四成分からなる。これを繁殖エネルギーとして、餌の量に換算する。外洋の餌をヒカリボヤ、浅海の餌をハマグリで代表している。食べた餌を全て消化吸収できる訳ではないので、同化効率を考慮する。計算を簡単にするために、産卵期と回遊期には摂餌はしないと仮定している（田中ら、一九九五）。次に一日に食べられるそれぞれの餌の最大量を調べ、摂餌場で一日の摂餌活動や維持に必要なエネルギーから換算した餌量を差し引く。アカウミガメ産卵個体は性成熟に達した後ほとんど成長しないので（図1・21）、余った餌量は全て繁殖に回せるとする。この一日の余剰餌量で繁殖エネルギーに相当する餌

量を割れば、繁殖エネルギー蓄積に要する最短日数を算出できる。この最短日数に、産卵及び回遊に要する日数や、日本ではアカウミガメの産卵期が春から夏に限られていることを考慮して、最短の回帰間隔を計算できる。実際の計算結果を表3・1に記す。

南部の産卵個体を例に計算してみると、外洋で主に浮遊生物を食べている小型個体は最短でも回帰するのに二年かかるのに対し、浅海で主に底生動物を食べている大型個体は最短一年で回帰できるという結果であった。この違いは餌の質と回遊距離に大きく起因していたので、アカウミガメ産卵個体が示す回帰間隔の個体群内変異には、やはり餌場の違いが密接に関わっていることになる。しかし実際には、南部に一年で回帰する個体は稀である（図1・21）。これは、摂餌場での餌獲得量が一日の最大量に達していないことや、一日の摂餌活動や維持に必要なエネルギーが、今回用いたオサガメの文献値から算出した値よりももっと大きいことを示唆している。一方、アカウミガメの主要な浅海の餌場である東シナ海に南部よりも近い屋久島では、一年回帰の個体をよく見かける（大牟田、一九九七）。屋久島は南部よりも東シナ海への回遊コストが一・五倍少なくて済むことが理由かもしれない。また南部で一年回帰した個体には、甲長八百ミリ未満の小型個体が数頭含まれていた（図1・21）。このことは、これらの小型個体が今回の計算に用いたヒカリボヤよりもエネルギー含量の高い浮遊生物を外洋で食べていたことを示唆する。あるいは外洋と浅海で摂餌するアカウミガメの標準直甲長の分布は幾分重なっているので、小型個体が浅海で底生動物を食べていた可能性がある。今後は餌場を正確に反映する安定同位体比で外洋か浅海かを分けて回帰間隔を比較し、今回の理論値を裏付ける必要があることが示唆された。

コラム　国際学会（其之参）：ギリシャで珈琲の上澄みを啜る

二〇〇五年の屋久島のアカウミガメの衛星追跡結果を発表するために、二〇〇六年四月初旬にギリシャのクレタ島イラクリオンで開催された第二十六回国際ウミガメ生物学・保全シンポジウムへ参加した。口頭発表を希望したが、ポスター発表に回された。前年の米国へは、発表後ポスターを捨てて荷物を減らすために、ポスターを丸めて剝き出しで持って行ったのだが、折れて皺が付かないか終始不安だった。故に今回は円筒に収納して持って行った。

ウミガメ調査で長年砂浜を歩いていると、本物の砂漠とはどういうものなのか見てみたくなるものである。シンポ前にギリシャ対岸のエジプトに立ち寄って、サハラ砂漠を見学することにした。エジプト航空の成田発カイロ経由アテネ便を使った。深夜にカイロ空港に着いた。トイレでしばらく粘ってから他の乗客に遅れて入国審査所へ行くと、強面の職員に「お前、どこから来たんだ?」と、不審がられた。「トイレで時間がかかったんだ」と言っても信用されず、パスポート以外にクレジットカードや日本語で書かれた運転免許証まで提示してようやく通過を許された。少し遅れたぐらいで、何なんだあの高圧的な態度は……。カイロ市内のナイル川ほとりのホテルを予約していた。深夜にバスが出ているのか確認するために空港内の案内を探していると、タクシー運転手から声を掛けられた。相場より多少割高だったが深夜料金ということで納得して使うことにした。今思えば初めての国で声を掛けられて、こんなにあっさりついて行って良かったのだろうかという気はする。変な所へ連れて行かれて身ぐるみ剝がされた、ということもなく、無事ホテルに着いた。朝、砂漠ツアーへ出発するまでの、つかの間の滞在だった。ここで事故が起こった。到着してからの緊張の連続で疲労が溜まっていたのか、風呂のV字型（UではなくＶ本当にV）の浴槽で足を滑らせ、顔の右側面を洗面台にぶつけてしまった。幸い大事に至らず、青あざだけで済んだ。こういう不慮の事故を見越して、もう少し高い宿を取るべきだったのだろうか。

図3・5　黒砂漠．後ろの山は，形がハヤブサに似ているので，古代エジプトの神に因んでホルス山と呼ばれるそうな

二泊三日の砂漠ツアー参加者は、何と私一人だけだった。それに対し、ガイドとドライバーが各々一名付いた。ガイドは日本語が話せた。目的地はカイロから三百キロ南西にあるバハリーヤ近郊の白砂漠・黒砂漠である。初日は博物館に収蔵されたミイラやアレキサンダー大王ゆかりの遺跡等を見ながら、バハリーヤへ向かった。途中、ツーリストポリスがよく検問していた。ドライブインで、ガイド達がチャイ（紅茶）にたくさん砂糖を入れて飲んでいるのが印象的だった。イスラム教では飲酒が禁止されているので、それと関わりがあるのだろうか。四月初めのエジプトは暑くはなかった。バハリーヤの宿は高級そうなリゾートホテルの割にシャワーからお湯が出ず、水の冷たさに耐えた。千里観音以来の水シャワーであった。ガイドにシャワーの件を言ったら、「なぜフロントに文句を言わなかったのですか？」と不思議がられた。そういうものなんだろうと諦観していたのだが……。典型的な文句を言わない日本人だった。

翌日、ワゴン車から四輪駆動車に乗り換えて、砂漠クルーズに出かけた。途中オアシスへ立ち寄り、湧き水に触れる機会があった。砂漠の湧き水は予想以上にぬるかった。黒砂漠を見て、白砂漠で野営した。その名の通り、黒砂漠には黒い

図3･6　ギザのピラミッド

岩石で覆われた山々（図3・5）が、白砂漠には風化でできた人や動物の形をした白い奇岩がいくつもあった。砂漠を歩いてみた感触は、いつものウミガメ調査での砂浜歩きとあまり大差なかったが、砂粒は細かい気がした。人里離れた広漠たる砂の海なのに、やけに蝿が多いのが気になった。おそらく観光客が皆、砂漠で用を足すので、そこから蝿が発生しているのだろう。翌朝ホテルへ戻って、四輪駆動車からワゴン車へ乗り換え、帰路についた。午後、ギザのホテルに着いて、ガイド達と別れた。

まだ日が高かったので、ピラミッドを見に行くことにした。ホテルからピラミッドまで歩いている間に、「何か買え」や「ラクダに乗れ」などと相当声を掛けられた。これほど勧誘される国に来たのは初めてだった。異文化に対する免疫のなさ故か、この辺りでかなり体調が悪くなった。それでも何とかピラミッドとスフィンクスを見ることができた（図3・6）。スフィンクス前にあることでよく知られた、揚げ鶏肉のファストフード店で休憩することにした。客が全然おらず、皆二階のピザ屋へ集中していた。丁度その頃、エジプトで鳥インフルエンザが発生していたので、皆鶏肉を避けていたのかもしれない。歩いてホテルに帰る

図3・7　地中海の陽光を浴びてくつろぐ第26回ウミガメシンポ参加者達．クレタ島イラクリオン

のが辛かったので、スフィンクス前で屯しているタクシー運転手に声を掛けた。最初、私が日本人だと分からなかったようで、安い料金を言ってきた。しかし日本人だと分かると料金を十倍ぐらい吊り上げた。アラブの商売である。この国では客の国籍で値段が決まるようだ。バクシーシという、富める者が貧しき者へ施す習慣がある。しかし私は富者というほどでもないので、その半値でしか乗らないと言うと、段々下がってきた。その間に他の運転手達も群がってきて、様々な料金を提示し始めた。交渉が成立した白タクに乗って、ホテルへ無事帰った。距離の割にかなり高かったが、体調不良の緊急措置だった。部屋の窓からは、薄暮の中、三大ピラミッドが見えた。超然たる人工構造物の連なりであった。

翌日、ギザのホテルからタクシーでカイロ空港へ向かった。このタクシーは良心的だったので、チップをたくさんあげた。カイロからアテネ経由でクレタ島へ飛んだ。アテネ着陸時に、乗客が拍手で無事を祝っていたのが面白かった。地中海気質なのだろうか。海外の空港の売店で高額紙幣を使おうとするとよく嫌がられるが、アテネでもそうだった。しかしどこで崩せばいいのか毎回困る。エーゲ海に

図3・8　イラクリオンのクノッソス宮殿．怪物ミノタウロスを閉じ込めたという迷宮伝説が残る

浮かぶクレタ島は、温暖な内海の島ということで、淡路島に来たような感じがした。イラクリオン空港からシンポジウム会場までの交通手段は、ドイツ製の黄色いタクシーだった。日本では高級車だが、こちらでは大衆車のようだ。快適な乗り心地の中、会場である海辺のリゾートに着いた（図３・７）。ここでもツーリストポリスが見張っていた。エジプトやギリシャ等の観光が主要産業の国では、観光客のトラブル解決のために、この人達が必須なのだろう。前回の米国では、二人部屋に四人押し込められたが、今回はだだっ広い部屋に一人だけだったので、少し寂しかった。エーゲ海のリゾートらしく、部屋にサービスでボトルワインが置かれていた。日本から来ていた面々と合流し、近所の食堂へ夕食に出かけた。松ヤニ入りワインを堪能した。

シンポ後、イラクリオンで、半人半牛の怪物ミノタウロスを閉じ込めたというラビリンス伝説が残る、クノッソス宮殿を見学した（図３・８）。宮殿近くの土産物屋で買った小さな壺が、面倒な出張手続きを処理してくれた研究室の事務の方には好評だった。エジプト土産と間違えられていたようだが……。休日昼過ぎのイラクリオン市街では、カフェの屋外席に大勢の地元の老若男女が屯していた。こ

図3・9　アテネのアクロポリスに建つパルテノン神殿

ちらではカフェでの談笑が何よりの娯楽なのだろうという光景だった。夕方便でアテネへ飛んだ。アテネ市街は一日あれば、パルテノン神殿（図３・９）があるアクロポリス等、大抵の名所旧跡を見て回れるぐらいの規模だった。繁華街の石畳の感触が足には新鮮だった。オリーブ製品と海綿（スポンジ）をどこの土産物屋でも見かけた。クレタ島よりアテネの土産物屋の方がやはり物価が高かった。市中、ヘルメットを被らずにバイクを運転している人が普通にいて、危険な気がした。エジプトとは打って変わって、一人で歩いていても声を掛けられることは全くなかった。シンポで知り合った日本人の方と、アクロポリス下のレストランの屋外席で夕食をとっていた時に、花売りが寄ってきたぐらいか。ヨーロッパではこちらから仕掛けないと旅が始まらない、と沢木耕太郎が著書で述べていたことは本当だった。

アテネから一泊二日のバスツアーで、デルフィや、北部にあるメテオラという岩山に聳える修道院群（図３・10）にも足を運んだ。このツアーはウミガメシンポのウェブサイトから予約できたので、何人かシンポ参加者がいたようである。家族とシンポに来ていた米国人のジェニファーが、

図3・10　メテオラ．岩山に聳える修道院群

ツアー出発前に「宜しく」とわざわざ声を掛けてくれた。米国流のマナーである。メテオラは、こんな険しい所によく修道院を建てたな、というような感じだった。これも信仰の為せる業なのだろうか。途中のドライブインで、フィルターで濾過しないギリシャコーヒーを物珍しげに飲んでみた。上澄みだけを起用に啜るのが難しかった。

　バスツアーを終え、アテネ市街から電車で空港まで行く際に一騒動あった。空港までの切符を市街の駅の自販機で買えず、後で精算しようとひとまず電車に乗った。空港駅に着いたので下りようとしたら、車内で私服の駅員みたいな男に呼び止められた。空港駅までの切符を所持していないから罰金を払え、ということらしかった。渋々払ったが何か詐欺にあったような感じがした。もう少し抵抗すべきだったかもしれない。あまり人種のことを言いたくはないが、東洋人の私に初めから目を付けていたような節がある。釈然としないので、空港駅案内所の職員に、「まともに切符を買える仕組みになっていないのに罰金を徴収するのは、観光客に対して不親切すぎるのではないか？」と抗議しておいた。今度は文句を言う日本人に変貌していた。私の英語が通じたかどうかは不明だが、剣幕を見て何かを悟ったことだろう。多分同じように

罰金を取られて不快な思いをした観光客は何人もいるに違いない。ツーリストポリスを各所に配置するのはいいが、切符の自販機にもお金を掛けていただきたい。あれから十年経つが、何か改善されたのだろうか。

帰路もカイロ経由便だった。成田便の出発曜日の関係で、再度カイロ市内を観光する余裕があったが、さすがに色々あって疲れていた。博物館でツタンカーメンの黄金のマスクを見ることもなく、空港のホテルに大人しく泊まって帰国した。シンポ用ポスターを捨てて空になった円筒は、空港の土産物屋で買ったパピルスを入れるのに丁度良かった。今回の旅は少し欲張り過ぎたかもしれない。

餌場の違いは氏か育ちか

やり残していた餌場での潜水行動調査を終えたので、次に餌場の違いの原因究明に取りかかることにした。最初に黒潮に流されて外洋の太平洋へ出たアカウミガメから、なぜ外洋に居続ける個体と外洋を離れて浅海へ加入する個体が出てくるのだろうか。これらの傾向は遺伝的に決まっているのだろうか。だとすれば外洋で摂餌している個体と浅海で摂餌している個体の間で繁殖隔離が起こっている筈である。外洋型アカウミガメと浅海型アカウミガメの、種分化一歩手前の状態なのだろうか。その場合、ミトコンドリアＤＮＡ（mtDNA）の塩基配列や核ＤＮＡのマイクロサテライトに、外洋と浅海の摂餌者の間で、違いが生じていると予想される。第一章の「母浜回帰と遺伝的集団構造」の節で述べたように、mtDNAは母親からしか遺伝しないが、核ＤＮＡは両親から遺伝する。マイクロサテライトとは二〜四塩基単位の反復配列のことで、反復数が個体によって違うほど進化速度が速い領域である。親子鑑定や犯罪捜査等にもよく用いられている。一般に、mtDNAの塩基配列よりも、核DNAのマイクロサテライトの方が、進化速度は速い。どちらも何らかのタンパク質の遺伝情報を担っている領域ではなく、自然淘汰に対して有利でも不利でもない中立な変異領域であることから、中立マーカーと呼ばれる。

一九九九年に屋久島で第一回目のアカウミガメ産卵個体調査を行った際、四十八個体から安定同位体分析用の卵とDNA分析用の肉片を同時に採取していた。故にこれらの試料を、餌場利用と遺伝との関係解明に用いることにした。衛星追跡と安定同位体分析を同一個体に併用した既報（図1・10と1・11）に従い、$\delta^{13}C$がマイナス十八‰未満かつ$\delta^{15}N$が十二‰未満の個体を外洋摂餌者、$\delta^{13}C$がマイナス十八‰以上もしくは$\delta^{15}N$が十二‰以上の個体を浅海摂餌者とみなした。外洋摂餌者が八個体、浅海摂餌者が四十個体いた。この摂餌者間で、mtDNAの塩基配列及び核DNAのマイクロサテライトを比較した。また一九九四年と一九九五年に南部でDNA用肉片を採取した百十二個体の産卵雌の安定同位体比は測っていなかったが、標準直甲長は分かっていたので、体サイズを餌場の指標として四群に分けて両DNAの変異を比較した。この仕事は、塚本研究室の大学院生だった渡邊国広君が、博士論文の一部としてやってくれた。結果、mtDNA調節領域の三百五十塩基配列、及びマイクロサテライト五座位において、摂餌者間及び体サイズ群間で、変異に有意な違いは見られなかった。用いた遺伝子マーカーの解像度の問題はあるものの、餌場の違いは先天的（遺伝的）なものではなく後天的（環境的）なものであることが示唆された（Watanabe *et al.*, 2011）。米国フロリダ東部で産卵するアカウミガメ表皮の$\delta^{13}C$・$\delta^{15}N$にも、餌場の違いが反映されている（Reich *et al.*, 2010）。日本のアカウミガメのような浅海と外洋という餌場の違いではなく、浅海の中での北と南の餌場の違いである。この摂餌群間でmtDNA

図3・11　富士登山．最初は颯爽たるものだったが……

調節領域の比較が行われているが、日本のアカウミガメ同様、有意な違いは確認されていない。一方、米国西海岸に生息するシャチには、主に魚を食べている型と、主に海産哺乳類を食べている型が、同所的に存在する（Hoelzel *et al.*, 2007）。型間でmtDNA塩基配列とマイクロサテライトの変異に有意な違いが確認されており、型間での繁殖隔離が示唆されている。同じ大型海洋動物であるシャチとウミガメでなぜ違うのだろうか？　シャチは群れで生活しており、その中で索餌方法を伝え合っているが、ウミガメは群れを作らず、独自に索餌方法を発達させる。大型海洋動物のこうした社会性の有無が、同所的な遺伝的構造の有無に関わっているのかもしれない。

余談ではあるが、この渡邊君と富士山を登りに行ったことがある。二〇〇六年のお盆前だったろうか。関東に来たからには一度は登ってみたかった。山梨県側の吉田ルート五合目から、昼食後に登り始めた（図３・11）。徐々に気分が悪くなり、夕方に本八合目の山小屋に着いたら倒れ込んでしまった。今まで経験したことのない酷い頭痛に襲われた。携帯酸素を吸っても、頭痛薬を飲んでも、全く効かなかった。高山病だった。しかし渡邊君は平然としていた。彼は私の分まで晩飯のカレーライスを平らげ、山頂でお鉢巡りを完遂し、御来光を拝んで、満面に笑みを湛えて山小屋へ凱旋してきた。こちらは山小屋で日の出を迎えるのがやっとだった。私は登山前にランニングや水泳でそれなりに体を鍛えていたので、この高山病発症の個体差は先天的なものであると思いたい。最近見たテレビ番組で、古希を迎えたサングラス姿の大物司会者が富士山頂を極めていた。私の体力が大物司会者より劣っていたとは考えにくいので、空気が薄い所への先天的な向き不向きがあるのだろう。上戸下戸と同じように、後天的に変えられるものではないのかもしれない。

コラム　ウミガメの成育場、八丈島と黒潮続流域

二〇〇五年七月の屋久島調査以後は、しばらくウミガメ産卵地とは遠ざかっていた。論文を執筆したり文献を調べたりして、今後の方向性を模索していた。

二〇〇六年十一月初めに、渡邊君が伊豆諸島の八丈島にウミガメ調査へ行かないかと誘ってきた。ウミガメがたくさんいるようなら、新たな野外調査拠点にしたいということだった。東京から約三百キロ南の八丈島へは、海路だと結構時間がかかるので、羽田から空路で行った。すぐ着いた。ダイビングサービスにガイドを頼み、二日で六本潜った。潜水器材は持参した。京都時代にウミガメ調査で使うだろうと思って、兄が懇意にしていた京都市内のダイビングサービスで指導を受けてCカード（Certification Card：認定証）を取得すると共に、大枚をはたいて器材を一式揃えていた。京都市内のダイビングサービスなので、実技講習は和歌山県南部町と福井県の越前へ遠征して受けた記憶

図3・12　八丈島沿岸にてハリセンボンと戯れる

がある。しかし砂浜での産卵個体調査が主なので、今に至るまで本格的な調査で潜水器材を使ったことがない。

八丈島でのスクーバダイビングは全てビーチエントリーだった。大学の潜水部も合宿に来ていた。六本全てでアオウミガメを見ることができた。初期の外洋生活を終えて浅海へ加入してきた若齢個体から成体までいた。地理的におそらく小笠原起源の個体だと思う。カメの動きが素早く、動画は撮れたが、写真は全てブレていた。カメに配慮してフラッシュを焚かなかったのが仇となった。あまりカメの餌となる海藻が見当たらなかったので、ちゃんと餌を食べているのか謎だった。他種のウミガメは見かけなかった。暖流の黒潮が付近を流れているとはいえ、十一月初めの八丈島の海は少し冷たかった(図3・12)。潜水後、ガイドさんに水着で入れる温泉へ連れて行ってもらい、生き返った。晩飯を食べに郷土料

図3・13　台風回避のため，釜石に寄港した学術研究船白鳳丸

理の店に入った。八丈島名物のくさややや明日葉を味わった。発酵食品であるくさやは初体験だったが、名前通り隣の席からも臭ってくるほどだった。アオウミガメの料理もメニューにあったので注文した。昔八丈島から小笠原へ人が渡ったので、両地域の結びつきは強いそうだ。別の店で明日葉入りのソフトクリームを食べたが、なかなか美味だった。帰りも空路だった。ガイドさんが仰るには、羽田‐八丈島間は普通よりも低空飛行なので減圧症の危険が少なく、潜った当日に飛行機で帰る酔狂な人がいるそうだ。減圧症とは、高圧な水中で体液に溶けていた窒素が急に低圧環境に晒されることで気泡に変わり、血管を詰まらせたり、周囲の組織を圧迫したりする症状だ。よい子は真似しないように。八丈島沿岸に様々なサイズのアオウミガメがたくさん居着いていることが分かったのは収穫だった。

また二〇〇七年五月に一ヶ月間、同じ海洋研究所行動生態計測分野に所属する小松輝久先生のグループの黒潮続流域での流れ藻調査へ同行した。学術研究船白鳳丸の航海だった。白鳳丸は約四千トンの大型研究船である（図3・13）。毎年この船の共同利用が公募されている。前年に黒潮続流域でウミガメ調査を行う旨の研究計画を書いて応募したのだが、却下されていた。小松先生の流れ藻調査が採択されていたので、一緒に乗らないかと声を掛け

図3・14　流木に付着していた流れ藻

てくれたのだ。函館出港の東京帰港だった。白鳳丸には京都に移って間もない頃、東京 - 塩釜間での黒潮と親潮の観測手伝いのために、二週間乗った気がする。下船後、仙台 - 苫小牧フェリーで北上して札幌を訪ね、旧交を温めた覚えがある。

黒潮続流域は、日本から流されてきたアカウミガメの成育場となっている（Polovina et al., 2006）。流れ藻調査をやりつつ、あわよくばカメを捕獲する予定だった。定点での海洋観測中、ずっとカメを探し続けたが、影も形も見なかった。逆に定点間を航走中にカメを見かけることの方が多かった。やはりアカウミガメ未成熟個体が多かった。停船中は船の機関音を嫌ってカメが寄りつかないが、航走中は船の接近が咄嗟すぎてカメが逃げられないからなのだろうか。停船中にカメは捕獲できなかったが、注意深く水面に目を凝らすことで流れ藻の欠片を認め、玉網で掬った。大きな流木に付着した流れ藻を、鈎で引っ張り上げることにも成功した（図３・14）。航走中、たまに吹きだまりのように流れ藻が集中している海域を見かけた。ああいう所を餌場や隠れ家として、アカウミガメが育つのだろう。

途中、台風を避けるために、釜石へ寄港した。気分転換に、電車で数駅北の山田町にある、鯨と海の科学館を訪れた。骨格標本が多数展示された本格的な博物館だった。残念ながら東日本大震災のために、現在は休館中である。近所の道の駅で売っていたワカメ入りソフトクリームが美味だった。八丈島の明日葉入りソフトといい、ソフトには何でも入っている気がするな……。

黒潮続流域は日本から東方だが、船内では日本時間をそのまま使っていたので夜明けが早かった。シャツキーライズと呼ばれる水深の浅い海域を通過したが、海の色が劇的に変わるというような環境の変化を感じなかった。この航海で論文を書けるほどのデータや標本を得た訳ではなかった。しかしウミガメの生活史の中で「ロストイヤー」と言われる外洋で、未成熟個体をこの目で見たという経験は重要かもしれない。空いた時間は居室で、次節で述べるテロメア関連の論文を読み漁っていた。調査船では、炊事、掃除、観測補助等の大抵のことは船員さんがやってくれるので、研究者は調査研究のみに集中できるのだ。ウミガメ産卵調査の現場と比べれば、優雅なクルージングである。論文を読むのに疲れたら、無線室から映画のＤＶＤを借りて、気分を転換した。船内放送でも映画が流されていたが、単純明快なアクション映画が多かった気がする。常に揺れている船内では、あまり考えずに見られる映画の方がいいのかもしれない。船のタラップを降りる際には、テロメア長が生きたウミガメの年齢形質として使えるかどうか、一発試してみようという野望に燃えていた。

生体の年齢形質

前節「餌場の違いは氏が育ちか」で述べた通り、遺伝子分析の結果、アカウミガメ成体雌が示す体サイズによる餌場利用の違いは後天的なものであることが示唆された。ではどのような環境要因が餌場の違いを引き起こすのだろうか。ある種のサケ科魚類においては、初期成長の速かった個体はそのまま川に留まり、成長の遅

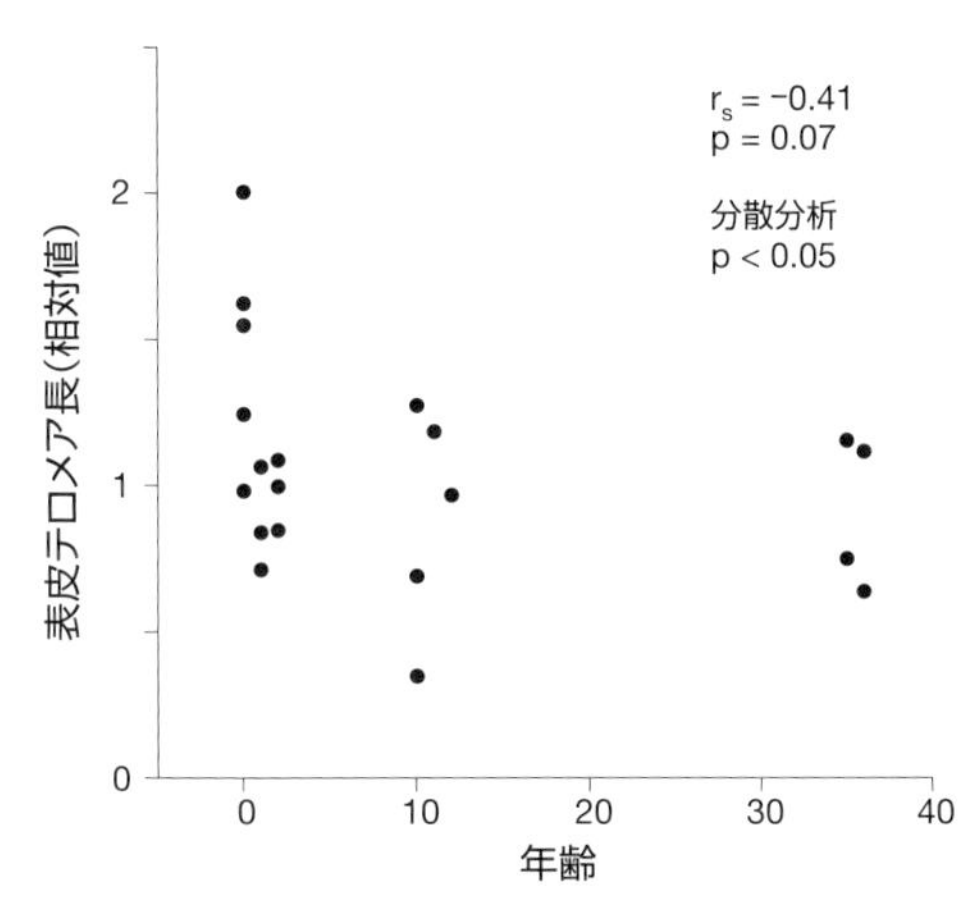

図3・15　名古屋港水族館で飼育されていたアカウミガメの年齢と表皮テロメア長（相対値）の関係（Hatase *et al.*, 2008より改変）．スピアマンの順位相関（r_s）は有意ではないが，4群の分散分析では有意な違いがある

かった個体は川での生活を捨てて海へ降る（前川、二〇〇四）。アカウミガメにおいても同様に、初期成長の良し悪しで外洋に残留するか浅海へ移行するかが決まるのであれば、外洋を利用し続ける個体は成長が速かった個体であり、浅海で摂餌する個体よりも早く性成熟に達するのかもしれない。これを検証するには初産の個体の年齢を比較する必要がある。

ウミガメの年齢査定には伝統的に上腕骨横断面に見られる輪紋が用いられているが、この手法は死んだ個体にしか使えない（Avens and Snover, 2013）。まさか年齢査定のためだけに絶滅危惧種であるウミガメを殺して上腕骨を取り出すなんて倫理的に許されない。生きたウミガメの年齢を査定できる物質を見つける必要がある。これがウミガメ学における積年の課題である。陸生・淡水生のカメでは背甲の甲板に年輪が形成されるが、ウミガメでは古い角質層がすぐに剝がれるので年齢が刻まれない（疋田、二〇〇二）。ウミガメのみならず野生動物の生態学者は皆、対象生物を傷付けずに年齢を査定できる手法を欲している。法医学が発達しているヒトにおいてさえ、そのような手法は確立されていない。例えば晴海埠頭で死体が打ち上がって、死体から採取したある物質の濃度を測ったら、その人が五十八才であることが特定できた、などという報道は聞いたことがない。容貌等から推定して四十～五十才ぐらいだ、で終わっている。

生物を構成する細胞には原核細胞と真核細胞がある。核膜・ミトコンドリア・葉緑体が見える細胞を真核細胞といい、この細胞からなる生物を真核生物という。ウイルス・細菌類・ラン藻類以外の生物は真核生物である。真核生物の細胞の染色体末端にはテロメアという領域があり、細胞分裂と共に短縮していくことが知られている。いくつかの種においては加齢と共にテロメア長が顕著に短縮することが報告されている。もしウミガメにおいても加齢に伴うテロメア長の短縮が確認されるのであれば、テロメア長を生きた個体の年齢形質として利用できる。これを検証すべく、年齢既知のウミガメが飼育されている水族館と共同研究を行った。愛知県にある名古屋港水族館である。この水族館は、前館長の内田　至さんが日本のウミガメ研究の先駆者なので、ウミガメの飼育展示や研究に力を入れている（Kakizoe *et al.*, 2007; Sakaoka *et al.*, 2013）。屋内に巨大な回遊水槽や産卵のための砂浜を拵えている。二〇〇七年十一月に春日井　隆さん、斉藤知己さん、岡本　仁さんの御協力を得て、様々な年齢のアカウミガメの首から、血液と表皮を採取した。血液は注射器で、表皮は使い捨てカミソリを用いて採取した。血液は緩衝液に、表皮はエタノールに入れて常温保存した。新幹線を用いての日帰り出張だった。手伝いに呼んでいた渡邊国広君と共に、名古屋名物ひつまぶしを堪能して帰った。

試料を研究室に持ち帰り、DNAを抽出した。リアルタイムPCRという機器で、血液細胞と表皮細胞中のテロメア長を測定した。この機器は、塚本研がウナギの研究航海の際に船に積み込み、DNAからウナギの卵を特定するために用いていたものである。この機器の原理を簡単に説明すると、ターゲットとするDNAの量が多ければ多いほど増幅が速く起こるので、増幅速度を基準にどれくらいDNAがあるのかを見積もることができるというものである。DNAの増幅は蛍光強度に基づいている。リアルタイムPCRでテロメア長を測定できるという論文を発見したので、試しに使わせてもらうことにしたのだ。簡単に言えば、鋳型となるテロメア長が長ければ長いほど、増幅が速く起こることになる。結果、血液細胞のテロメア長には加齢と共に短縮する傾向は見られなかったが、表皮細胞のテロメア長は何となく短縮することが分かった（Hatase *et al.*, 2008：図3・15）。そこで表皮テロメア長を年齢指標として野生個体へ応用することにした。

「初期成長条件に応じた生息域選択仮説」と初産齢

二〇〇七年度をもって日本学術振興会特別研究員PDの任期が満了したため、所属する海洋研究所で日本財団が助成する深海関連のプロジェクトへ移ってウミガメの研究を続けていた。しかしそれほどいい待遇で雇われていた訳ではない。学振時代はいい夢見させてもらったなという感じである。学振時代はバブルだと見極めて、倹約に励んでおいて良かった。

前節で述べた「初期成長条件に応じた生息域選択仮説」を検証するためには、初産のアカウミガメから、安定同位体分析用の卵とDNA分析用の表皮を、同時に採取する必要がある。初産ガメをどうやって見分けるかであるが、ウミガメには産卵場固執性があるため、毎年同じ砂浜で産卵期を通じて個体識別調査を継続していれば、標識が付いていない個体を初産ガメとみなせる。この標本採取条件を満たしており、かつ十分な数の標本が得られるのは屋久島しかない。二〇〇八年五月中旬から七週間連続で屋久島うみがめ館と共同調査をするということで話がついた。

三年ぶりのかめハウスにはシャワー室が増設されていた。調査ボランティアが多い時のシャワーの順番待ちが解消された。この二〇〇八年は、永田においてアカウミガメの産卵巣数が、今までの倍の約四千巣にまで急騰した記念すべき年であった。巣数はその後も高い値を維持し続けている。屋久島では一九七〇年代初頭までウミガメ卵を貴重なタンパク源として食べていた。中学生が産み落とされた卵を回収し、近隣に売り歩いて、売り上げを学用品購入費に充てていた。また野外でアカウミガメが性成熟に達するのに約三十年はかかると言われている。故に卵を食べなくなった分、産卵個体が増えて帰ってきているのではないかと考えられている。一九八五年からの屋久島うみがめ館の保全活動も、巣数の増加に寄与しているのだろう。ともあれ増加に転じたことは喜ぶべきことであるが、調査する側としては毎日が時間との戦いになる。夜間調査開始までに、前夜分の調査票の整理が間に合わないということがあった。今思い返すと、あの殺伐とした状況で、よく初産ガメ百二個体分も標本を集められたなという感じがする。ひとえに屋久島うみがめ館スタッフの山本智恵美さんと中村優子さん、及び長期ボランティアの山元浩司さん達のおかげである。またこの年に初めて屋久島うみがめ館アドバイザーの日高俊郎さんにお会いした。日高さんは地元永田の方で、農閑期が丁度ウミガメの産卵孵化時期と重なるので、その間ほぼ休みなしで調査を手伝いに来ておられる。標本数が目標に達するまでは、かめハウスの冷凍庫を卵保存用に使わせてもらっていた。そのまま容れておくと他の食材が入らないし、誤って料理に使われる危険性があるので、目標達成後は大牟田さんの山小屋にある大型ストッカーで卵を冷凍保存させてもらった。表皮はマイクロチューブに満たしたアルコールに漬けて常温保存していた。

うみがめ館はこの年、マルチフレックスP型標識という、豚の耳に付けるためのプラスチック製標識を使っ

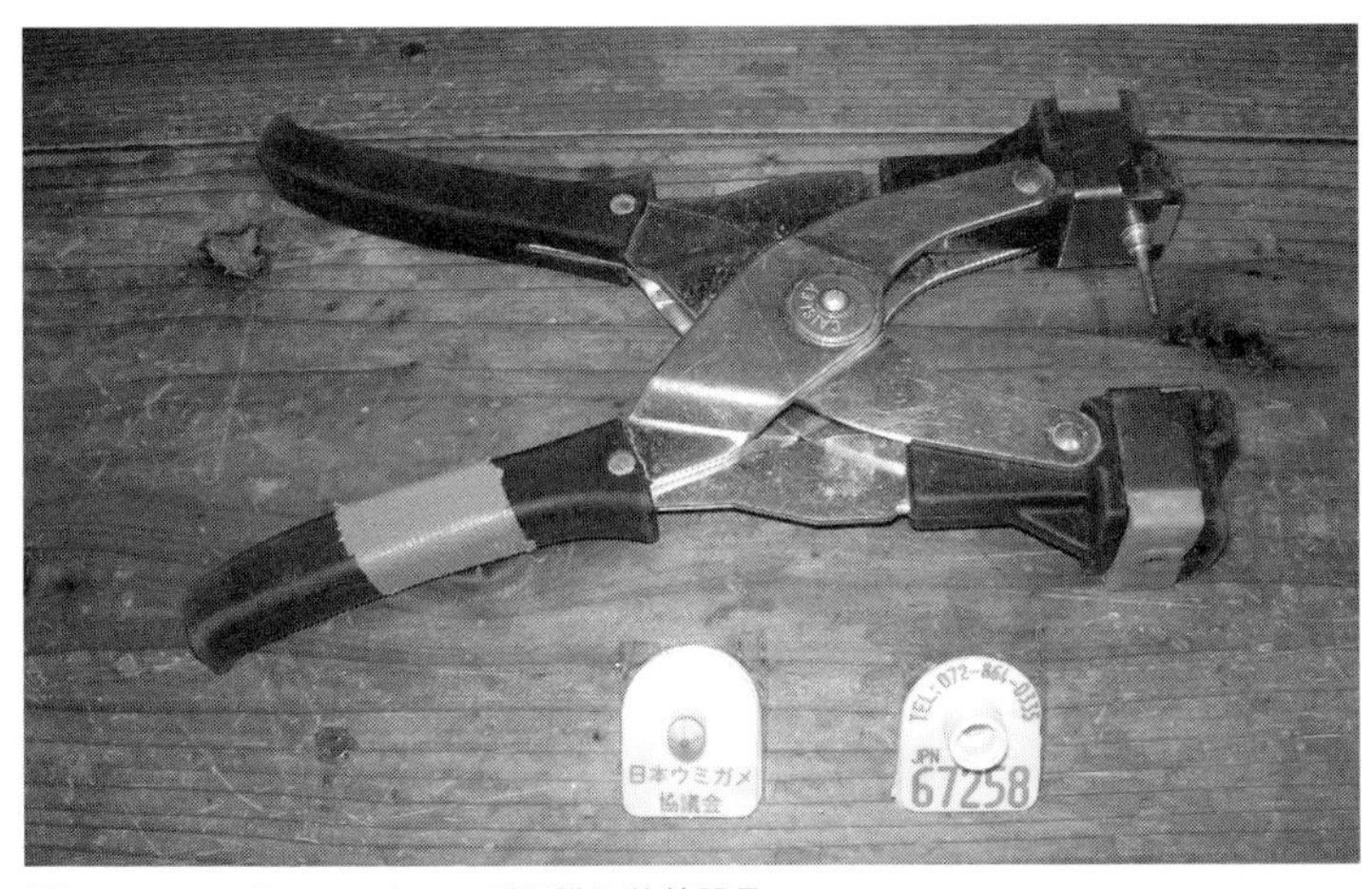

図3・16　マルチフレックスＰ型標識と装着器具

ていた（図３・16）。この標識を付ける際には穴を開けるためのパンチャーを必要としないので、調査道具が一つ減るというのが売りであったが、カメが装着の際に痛がって暴れることが多い。調査初日の標識装着時に、後肢の爪でゴアテックスの高価なカッパを引き裂かれてしまった。布テープで補修してなんとか最終日まで乗り切った。またこの年は浜にスラッジという汚泥がいっぱい漂着していた。浜に座ったときにスラッジが付着し、手やカッパが真っ黒になった。

産卵期初めの五月には、産卵後息絶えたように動かなくなるカメをよく見かける。気温が低いので、代謝が低下して不活発なのだ。小突いてもピクリともしない。呼吸はしている。眠っているのかもしれない。夜が白んでくると、ようやくスイッチが入ったように帰海を始める。

永田浜には、毎年必ず一頭は、どちらかの後肢が欠損したウミガメが上陸してくる。海の中で鮫に食いちぎられたのだろう。片脚だけなので、うまく穴が掘れない。人間が手伝ってやる必要がある。ウミガメは後肢で穴を掘っていて、底に肢が着かなくなったら産卵を開始する。故に人為的に背甲後部を引っ張り上げてやれば、穴を掘り切ったと錯覚して卵を落とす。うみがめ館はこの習性を利用した産卵補助器という秘密兵器を開発している。三脚に取り付けた滑車で背甲後部を吊り上げる仕組みだ。操作にそれなりに熟練を要するが、カメが卵を落とし始めるのを見ると気分爽快だ。船のスクリューで背甲を傷つけられたカメもよく見かける。

この年、異相のアカウミガメが一頭上陸していた。全身の皮膚がただれたのか、貝殻が付着しているのか、どちらか判別しづらい風貌をしていた。このカメは、一九七〇年代から数年毎に永田浜に産卵に訪れている右後肢を欠いた伝説のアオウミガメ「ジェーン」（KYT鹿児島読売テレビ、二〇〇五）と貝殻に因んで、「シェーン」と名付けられていた。ジェーンもこの年、産卵に来ていた。いなか浜の植生で上手く穴を掘れないジェーンを手助けして卵を産ませた。背甲後部を手で持ち上げたが、相当重かった。

ホラー映画も真っ青な事件もあった。ある晩の産卵調査中に、ボランティアに来ていた女性を追っかけて、鬼の形相をしたガイドのおじさんが現れたのだ。女性が宮之浦港に着いた時におじさんに声を掛けられ、永田まで車で送ってもらったそうだ。女性がボランティア終了後、おじさんのツアー会社を使う約束をしたものの、いつまで経っても連絡が来ないので、永田まで直談判に来たそうだ。港や空港で気安く声を掛けてくる人には安易について行かない方がいい、ということかもしれない。傍から見ている分には面白かったが。

七週間休みなしの調査で、予想以上に精神と肉体が摩耗していたようである。かめハウスに入って調査を行う場合は、自らの研究だけでなくNPO業務もあるので、息つく暇がないのだ。小笠原時代の最終年のように、別の所に宿を借りれば、調査だけに集中できて負担が減るのだが、宿泊代が結構な額になるだろう。うみがめ館と行動を共にするには、かめハウスに寝泊まりした方が好都合なのである。四週を超えた辺りから、トイレに貼ってあるカレンダーを見るのが辛かった。東京へ帰ってすぐ、腹に神経系の痛みを伴う疱疹が現れた。最初は虫さされかなと思って市販の皮膚炎用の薬を塗布していたが効かなかった。皮膚科に行ったら、「あなた相当疲れてるんじゃない？　帯状疱疹ヨ！」と診断された。保険の利かない抗ウイルス剤を買わされ、しばらく安静にしていた。一往復分の交通費よりも入院治療費の方が高くつくかもしれないので、以後屋久島で長期調査をする場合は二回に分けて行うことにした。これ以上やると怪我病気をするという、自らの限界が分かって良かったというべきか。なおこの発症には、帰京後、毎日研究所で庭球をしていたことも関わっているのかもしれない。ダブルスならまだしも、シングルスを一試合もすると、激しく体力を消耗するのだ。

この七週間、電子メールを全く読まなかった。私の使っていた携帯電話も永田では通じなかった。しかし特に不便を感じなかった。それだけ毎日の生活に没入していたというべきか。かめハウスでの禁欲的な生活の反動で、ボランティアの方と東京の築地市場や月島へ、寿司やもんじゃ焼きを食い倒れに行ったのは佳き思い出である。この方は帰京後、しばらく夢にカメの大群が現れて、うなされる日々が続いたそうだ。築地では、カレーと牛丼の合いがけや、イカスミソフトクリーム等の、独創的な食べ物が印象に残った。

二つの竜宮城の原因、迷宮入り

長期調査での疲労による疾病が快癒した後、卵と表皮の分析を行った（Hatase *et al.*, 2010）。卵黄の安定同位体分析は、前回のアオウミガメ同様に、海洋研究所生元素動態分野の質量分析計をお借りして行った。朝、質量分析計を立ち上げて、測定を開始できるようになるのが夜なので、徹夜の分析となった。測定の合間に、数

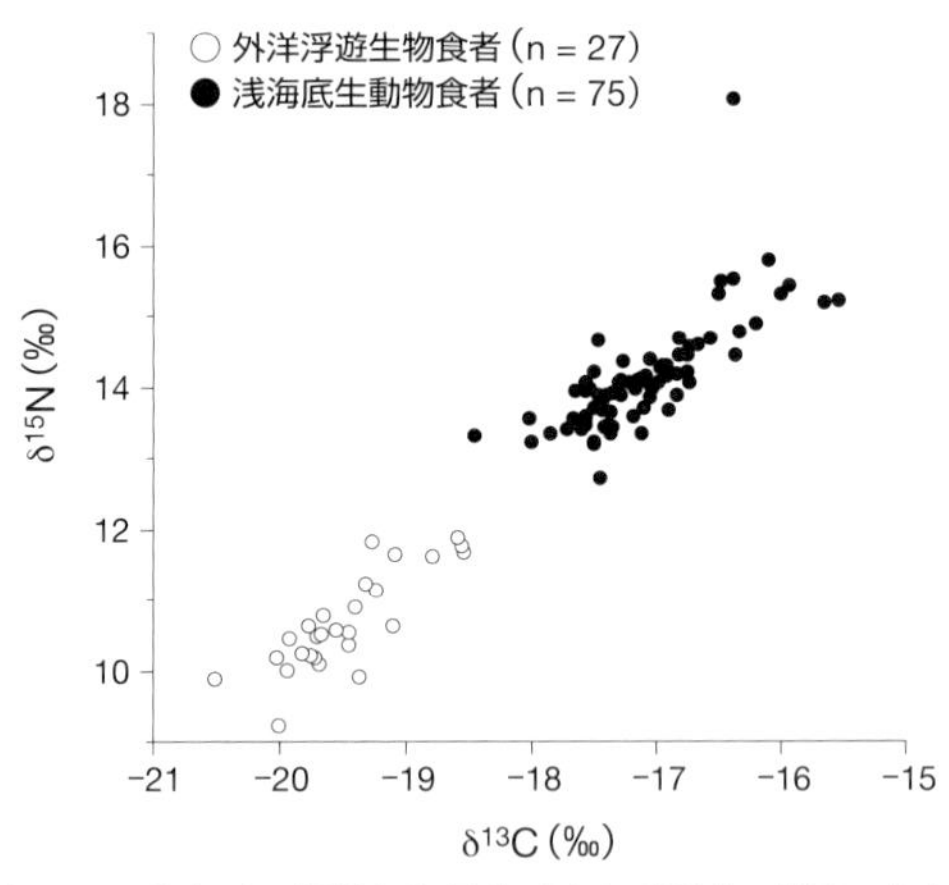

図3･17　屋久島でアカウミガメ新規加入個体が産んだ卵黄の炭素・窒素安定同位体比（δ^{13}C・δ^{15}N）（Hatase *et al.*, 2010より改変）．図1･10及び1･11に基づき，δ^{13}Cが<−18‰かつδ^{15}Nが<12‰の卵黄をもつ個体を外洋浮遊生物食者，δ^{13}Cが≥−18‰またはδ^{15}Nが≥12‰の卵黄をもつ個体を浅海底生動物食者としている

時間家へ帰って寝た。結果、δ^{13}C・δ^{15}Nの低い群と高い群に物凄く綺麗に分かれた（図3・17）。既報（Watanabe *et al.*, 2011）と同様に、δ^{13}Cがマイナス十八‰未満かつδ^{15}Nが十二‰未満の個体を外洋摂餌者、δ^{13}Cがマイナス十八‰以上もしくはδ^{15}Nが十二‰以上の個体を浅海摂餌者とみなした。外洋摂餌者が二十七個体、浅海摂餌者が七十五個体いた。この二群間で標準直甲長を比較したところ、やはり外洋摂餌者の方が浅海摂餌者よりも有意に小さかった（図3・18）。そして表皮テロメア長の測定であるが、修士課程の学生の追い込みの時期と重なっていたため、毎朝五時起きで研究所へ通って、人のいない実験室で測定を行っていた。この頃、研究所で昼に庭球していたので、それまでに実験を終わらせる必要があったという側面もある。本研究の核心となるその結果であるが、残念ながら摂餌者間で、表皮テロメア長に有意な違いは見られなかった（図3・19）。これの意味するところは、外洋摂餌者も浅海摂餌者も同様の年齢で繁殖を開始するということである。外洋摂餌者の表皮テロメ

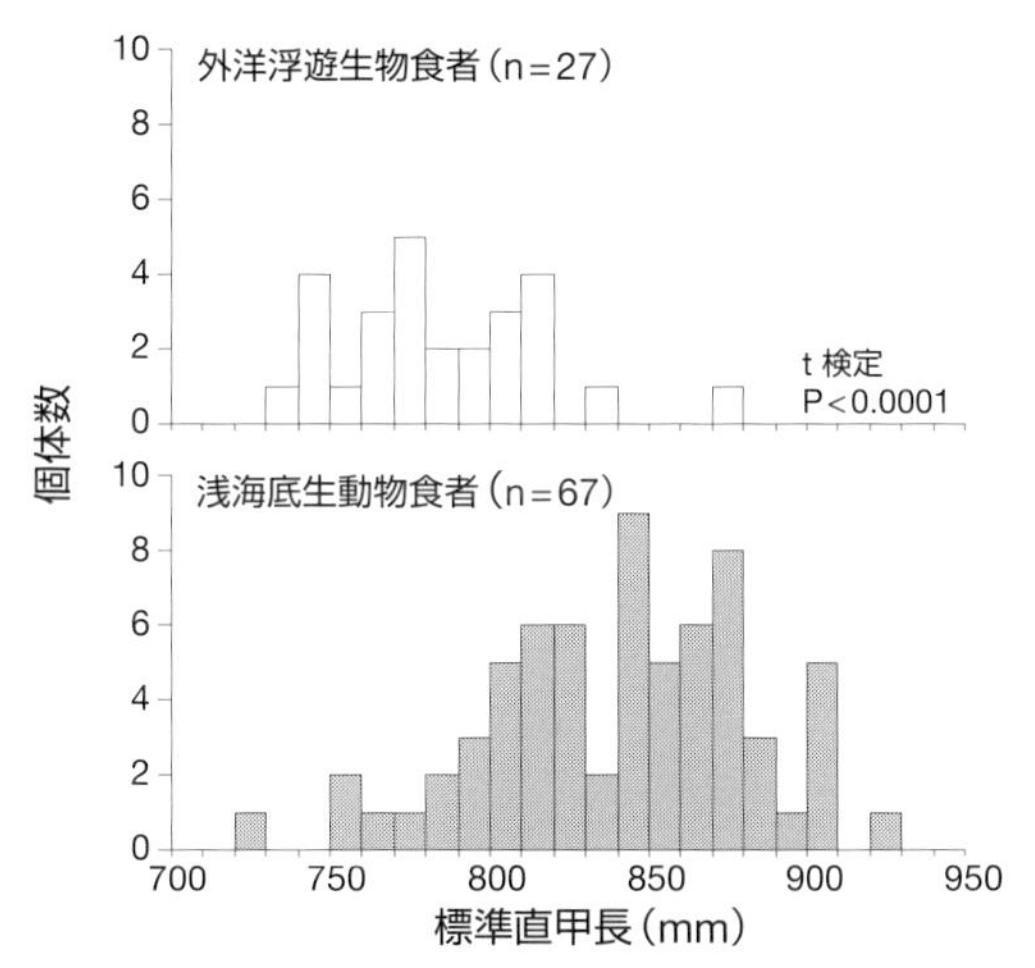

図3・18　アカウミガメ新規加入個体の標準直甲長（Hatase *et al*., 2010より改変）．外洋摂餌者と浅海摂餌者の判別は，図3・17のδ^{13}C・δ^{15}Nによる

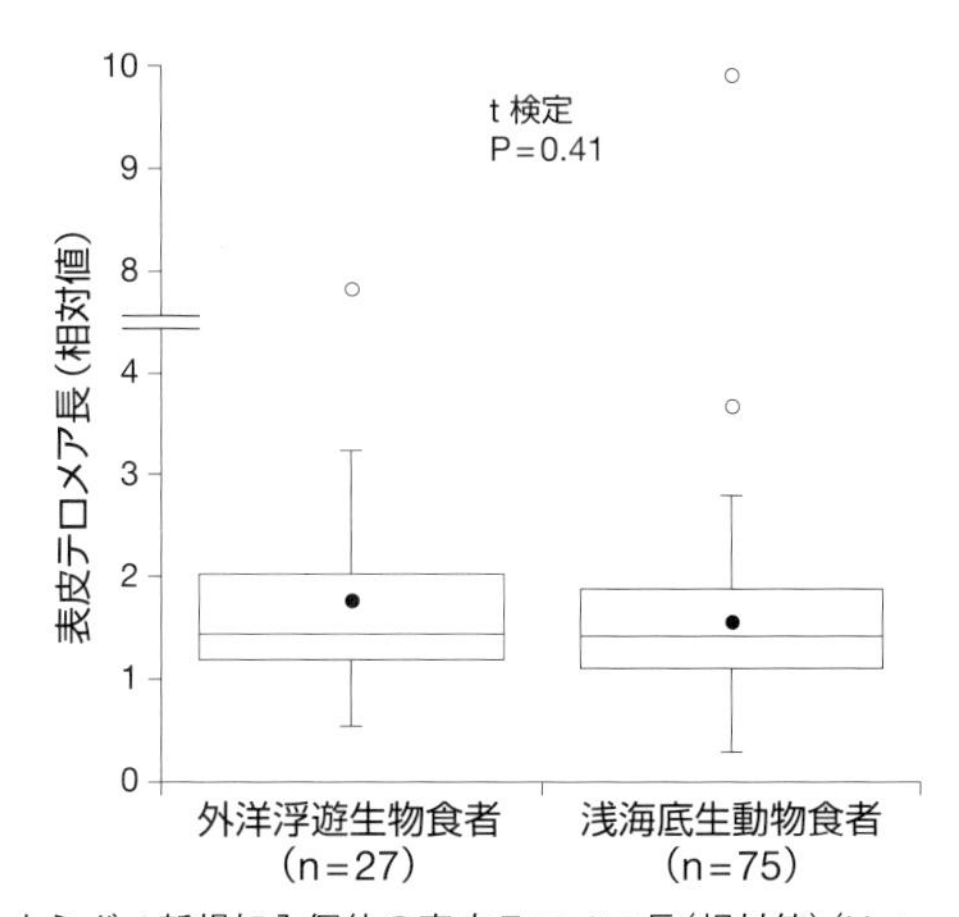

図3・19　アカウミガメ新規加入個体の表皮テロメア長（相対値）（Hatase *et al*., 2010より改変）．外洋摂餌者と浅海摂餌者の判別は，図3・17のδ^{13}C・δ^{15}Nによる．箱は四分位間距離，箱の中の横線は中央値，●は平均値，ヒゲは最小値と最大値，○は飛び値

ア長の方が、浅海摂餌者のものより有意に長い、すなわち外洋摂餌者の方が浅海摂餌者よりも早く繁殖を開始するという結果であったならば、上述の「初期成長条件に応じた生息域選択仮説」を強く支持できたであろう。しかしながら、群間で有意な違いがなかったからといって、この仮説が全く違うということにはならない。浅海摂餌者は、外洋での初期生活中に遅れた成長を補償するために、外洋から浅海へ移行し、餌を栄養価の低い浮遊生物から栄養価の高い底生動物へ変えることで、成長速度を加速し、体サイズを大きくし、外洋摂餌者と同様の年齢で繁殖を開始する、という筋書きも考えられるからだ。現段階では打開策が見当たらないので、餌場の違いの原因を追求するのはひとまず保留である。

ちなみに日本のアカウミガメ同様、同一産卵群に浅海と外洋という異なる海域で摂餌する個体が存在するカーボベルデにおいては、屠殺された産卵個体の上腕骨の輪紋解析から、外洋摂餌者の方が浅海摂餌者よりも有意に年齢が若いと報告されている（Eder *et al.*, 2012）。故に表皮テロメア長に摂餌者間で有意な違いが出なかったのは、テロメア長の年齢指標としての解像度の問題に起因しているのかもしれない。テロメア長に替わる、より解像度の高い、生きたウミガメの年齢形質の発見を、野心溢れる若者に期待したい。

ところで外洋摂餌者は、なぜ餌場を変えずに生涯、外洋で栄養価の低い浮遊生物を食べ続けるのであろうか。餌場をあれこれ変えるよりは、成長・成熟を遂げて慣れ親しんだ海域を利用し続けることで摂餌効率が高まり、結果として適応度上の利点が得られるからなのかもしれない（Bolnick *et al.*, 2003）。

コラム　国際学会（其之四）：豪州でワニを食らう

二〇〇八年の屋久島調査以後は、研究費の事情もあり、しばらく野外調査から遠ざかっていた。二〇〇八年の成果を投稿論文にすると共に、二〇〇九年八月中旬に豪州東部のブリスベンで開催された第十回国際生態学会で口頭発表を行った。この学会は四年に一度、世界のどこかで開催されている。ウミガメシンポに比べ参加費が相当高かったが、所属していた深海プロジェクトが出してくれた。当時既に成田‐ゴールドコースト（ブリスベンの隣町）間をLCC便が就航していたが、予約の仕組みに不慣れだったので、従来の格安航空便を使った。香港経由の長旅だった。

機内で配られた豪州入国カードに記入漏れがあり、ブリスベンで入国審査に引っかかった。渡豪は二度目だったが、初回も入国審査で止められた記憶がある。わざと引っかかるように入国カードの文字を小さくしてないか……？　鞄を開けて持ち物を調べられ、色々と質問された。長時間飛行機の座席でじっとしていたせいか、ブリスベンに着いたら尻に違和感を覚えていた。酷い痔になっていた。出血で歩くのも辛かった。薬屋で「ジノクスリヲクダサイ」とあまり英語で言いたくなかったが、何とか薬を購入できた。薬を使ってもあまり症状は改善しなかったが、気力を振り絞って学会発表を乗り切った。今思えばこの時点で、加入していた保険会社へ連絡して、医者に診てもらうべきだった。ブリスベンは高層ビルが建ち並ぶ都会であった（図3・20）。宿と学会会場の間は列車で数駅の距離だったが、散歩がてら街中を歩いて通うこともできた。豪州の空の色は日本と比べ青が濃い。南半球の八月は冬であるが、この都市は南緯二十七度に位置するので、それほど肌寒さを感じなかった。学会後、グレートバリアリーフで潜ってウミガメの生息状況を視察する予定だったので、北東部のケアンズへ飛んだ。

ブリスベンより暖かいケアンズに着いても、症状はあまり快方へ進まなかった。ケアンズは言わずと知れた、グレートバリアリーフでのマリンリゾートの拠点である。ウミガメの視察は、ケアンズからのダイブクルーズ一泊二日で

図3・20　ブリスベンの街並み

行った。ケアンズ沿岸は陸からの土砂の流入で濁っているので、船で沖の珊瑚礁へ出て潜るのが主流のようだ。沖へ出たら宿泊用のクルーザーに乗り換える。潜水器材は日本から持参していた。ちなみに大学の調査で潜る場合は、潜水士の国家資格の保有が義務付けられている。今回は半分レジャーなので免許は要らない筈だが、出張の名目上、必要とのことだった。幸い二〇〇六年十一月の八丈島でのアオウミガメの潜水観察後、潜水士資格の必要性を感じ、取得済みだった。一日がかりで千葉県の辺境にある免許試験場へ行って筆記試験を受けたものだ。実技試験はないので、スクーバダイビングの経験ゼロでも潜水士資格は取得できる。

話をダイブクルーズに戻す。初日に三本、翌日に四本潜るという学生の部活動並みの過密日程だった。初日の三本目は水中ライトを携えたナイトダイブで、翌日の一本目は朝六時から潜った記憶がある。血のにおいに鮫が反応して寄ってきたらどうしようと不安だったが、七本とも無事に潜れた。五本目を終えた頃から、耳抜きの繰り返しで、しばらく耳の聞こえが悪くなった。グレートバリアリーフは噂に違わず美しかった。天候にも恵まれた。生物相は沖縄の海とあまり変わらないようだった。珍しいのはナポレオンフィッシュぐらいだろうか（図3・21）。

図3・21　グレートバリアリーフのナポレオンフィッシュ

肝心のウミガメも見ることができた。アオウミガメだった。海外でスクーバダイビングをすると思うのは、こちらではダイビングはリゾート地での数あるアクティビティのうちの一つだということである。タンクを渡されて、相方を決めて、自由に潜って楽しんできてね、という感じである。日本ではガイドに引率されて潜るのが普通なので、潜水道というお稽古事の側面が強い。ちなみに今回は日本人スタッフがいたので引率してもらった。グレートバリアリーフで潜ったことで目的を達成した感があり、通算潜水本数がまだ五十本にも満たないが、これ以後スクーバダイビングとは疎遠である。経済的事情もある。車の車検と同じで、潜水器材は数年に一度オーバーホールに出す必要があり、それにもお金がかかるのだ。今後潜るとしても、本数をこなすよりは、二日で四本ぐらいののんびりダイブで十分な気がする。

ケアンズへ戻ってきて、ダイブクルーズで一緒だった日本人の方と夕食に出かけた。一人で海外に出るといつもどこで晩飯を食べようか悩むが、連れがいるとレストランで割り勘にして色々食べられるのがいい。クロコダイル（豪州産ワニ）の肉を初めて食べた。カレー粉を塗して炒めた料理だった。白身の肉は鶏肉のようだった。実は鶏肉なんじゃないかと錯覚するぐらい、癖がなく美味だった。その後、お姉さんがバーテンダーをしている英国風パブにも行った。入口で警備員に年齢確認のための身分証の提示を求められた。東洋人はそれほど若く見えるのだろうか？　パスポートを携帯していなかったが、何とか入店できた。フィッシュ&チップスと愛蘭土的黒生麦酒で乾杯。

翌日はケアンズ郊外の山間部にあるキュランダ村を観光した。この村はかつて材木運搬の拠点だったが、一九七〇年代からヒッピーや芸術家が住み着くようになり、観光地化していったそうだ。往きはロープウェーで、見渡す限りの熱帯雨林の上を進んだ。村に着いた後、爬虫類館のような所で、ブルータングリザードという青い舌のずんぐりした体形のトカゲに触れることがあった。見た目以上に重量感があった。大人しいヘビも首に巻かせてもらった。帰りは列車だった。黄昏の中、通りすがる列車に向かって、無邪気に手を振る子供の姿が印象的だった。夕食はケアンズ市内のフードコートでとった。頼んだシーフードラーメンにムール貝が入っていたのだが、殻内から毛髪のようなものが出てきたので、どこで採集した貝なのだろうという感じだった。さすがにコアラのものはなかった。土産物屋では、カンガルー、エミュー、クロコダイル等の豪州産動物の干し肉が並んでいた。しかしこういうのを見ると、豪州は日本の捕鯨に反対しているという報道をよく目にするが、本当なんだろうかという気がする。政府と庶民の考えは違うということだろうか。

症状は一向に改善しなかったので、再び香港経由で帰るのが憂鬱だった。ダイブクルーズで一緒だった日本人の方は、成田 - ケアンズ間のLCC便で来たと言っていたので、緊急措置としてそれに変更して帰ろうかとも思った。しかしネットを使える機器を持参していなかったので、予定通り香港経由で帰ることにした。香港空港には夜着いた。列車で香港島へ移動し、湾仔（ワンチャイ）のホテルに泊まった。チェックイン時にクレジットカードの暗証番号を入力するように言われたが、当時あまりクレジットカードを日常的に使っていなかったので覚えていなかった。部屋を損壊した場合に、後日クレジットカードから代金を引き落とすという仕組みのようだった。何とかチェックインできたが、翌日のチェックアウト時に、スタッフによる部屋の状態確認があり、少し待たされた。成田便は午後発だったので、香港市内を半日観光できた。日本より南にある香港は暑かった。香港が一望できるヴィクトリアピークにケーブルカーで登ったり、香港島と対岸の九竜(カオルーン)を結ぶフェリーに乗ったりして、風景を楽しんだ。香港の海は緑色をしていた。しかしグレートバリアリーフのダイブクルーズでデジカメのバッテリーを使い果たしていたので、写真に残せなかった。この当時、ACアダプタが現地の電圧に対応していれば、コンセントの形状を変える変換プラグさえあれば、日本の家電製品を使えるという、旅の知識を持っていなかった。香港名物の、ビル間を繋ぐ横看板等を目に焼き付けた。

帰国したら体重が二〜三キロ減り、頬が痩せこけていた。すぐに病院へ行き、診察を受けた。ただの疣痔と聞いて安堵した。薬を貰ってしばらく自宅療養した。

コラム　山の中の浦島伝説、寝覚の床

二〇〇九年の暮れに、研究所の庭球部で知り合ったT氏と共に、JRの青春十八きっぷを使って東京から関西へ帰省することがあった。青春十八きっぷ、春夏冬の休暇に合わせて期間限定で販売される普通列車乗り放題の格安切符である。五枚綴りで売られ、一枚で一人一日分の切符になる。学生時代に帰省した際に、伯父からまだ使い切っていない十八きっぷをよく貰っていたので、この切符とは古い付き合いである。この切符、たまに廃止の噂を耳にするが、存続してほしいものである。東京から中央本線で名古屋へ出て一泊し、東海道線で関西へ、という経路を採った。昔の街道名で言えば、甲州街道→中山道→東海道となる。以前に全て東海道線を使って帰省した際には、名古屋辺りまで座れないことが多かったが、この年の経路はほとんど座れて、快適な鈍行列車の旅であった。途中、甲府盆地の農園から盛んに白煙が立ち上っており、列車の中でも煙の臭いが感じられるほどであった。何を燃やしていたのかは不明である。他にさしたる出来事もなく、列車の揺れに眠気を誘われつつ、西へと進んだ。

図3・22　浦島太郎が玉手箱を開けて翁になったという言い伝えのある寝覚の床．年末なので雪を被っている

歴史好きのT氏に連れられ、途中いくつかの史跡を訪れた。木曽路に「寝覚の床」という史跡があった（図3．22）。上松駅から二十～三十分は歩いたろうか。商店で昼食用のパンを買って見上げると、彼方に雪を頂いた木曽の山々が連なっていた。寝覚の床は木曽川に削られた四角い岩々で、国の史跡名勝天然記念物に指定されている。現在は上流にできたダムの影響で、岩を削るほどの激流ではない。床のように見える岩の上で浦島太郎が玉手箱を開けて翁になり、現実に目覚めたという言い伝えがある。寝覚の床近くにある臨川寺には、太郎愛用の釣り竿が骨董品と共に展示されていた。木曽の山奥と、海辺に住んでいた浦島太郎がどう結びつくのか、訪れた時は非常に謎だった。最近、浦島説話の歴史的変遷を調べた本（三舟、二〇〇九）を読むことで疑問が氷解した。この地方には、十六世紀初めの実在の医師をモデルとした、長寿の薬を飲んで三度若返ったという「三帰りの翁」の伝説が残されているそうだ。それが浦島太郎の不老長寿のイメージと重なることで、竜宮城から帰ってきて諸国を旅していた浦島太郎が、立ち寄ったこの地の景色を気に入り、住み着くようになったという後日談の形成に繋がったのだと。このような創作は、中山道を往来する旅人を誘い込むために、臨川寺の

僧侶が採った寺院経営のための苦肉の策だったのではないか、と著者は述べている。

寝覚の床以外にも、近江で織田信長が築いた安土城跡を訪れた。安土駅から城跡まで、距離があったので自転車を借りた。麓から立派な石段が残っており、備え付けの杖を突いて登った。頂上から望んだ、雲に覆われた鳰の海は静謐だった。当時公開されていた映画『火天の城』（田中光敏監督）に、木曽から大木を運び入れて安土に巨城を築く場面が出てくるので、T氏はそれに影響されていたのだろうか。今回の旅ネタかもしれない。駅前の定食屋で出された琵琶湖名産の鮒ずしが物珍しかった。しばらく関西に住んでいながら鮒ずしは味わったことがなかった。麹がたっぷり塗されていて酸味が効いていた。

師走の弥次喜多道中であった。

第4章

アカウミガメの二つの竜宮城
―― その結果

屋久島いなか浜で産卵個体調査中、東の空が俄に白んできた。払暁にはまだ早い深更だった。おかしいなと思っていると、輝きが一層増してきた。遂に隣国との戦争でも始まったのかと、呆然と立ち尽くした。正体は、隣の種子島から打ち上げられたロケットであった。刹那の光芒。何事もなかったかのように、辺りは静寂の闇に帰した。

餌場が繁殖特性に及ぼす影響

二〇一〇年度から、所属先である海洋研究所が、東京都中野区から千葉県柏市の柏キャンパスへ移転した。気候系の研究部門と統合し、大気海洋研究所と名称が改まった。年度末に東日本大震災があった。発生当時、研究所にいた。屋外へ避難して揺れが収まるのをしばらく待った。交通網が麻痺したため、都内の自宅へ帰れず、研究所で一泊した。棚の上から物が落ちてこないかと不安に駆られながら、連ねた椅子に横たわって、熟睡できぬまま一晩を明かした。翌日、交通網が回復し、夕方ようやく自宅へ帰り着いた。幸い何も被害がなく安堵した。積んでいた文庫本が倒れていたぐらいか。しばらく交通網の麻痺が続き、出勤できなかった。五日後ぐらいに柏市に来ると、輪番停電のために、信号まで消えていた。研究所内も停電しており、仕事にならなかった。都内の近所のスーパーでは、パンや牛乳がしばらく手に入らなかった。研究所の付属施設である、岩手県大槌町にある国際沿岸海洋研究センターも、津波で壊滅的な被害を受けていた。この年度をもって深海関連のプロジェクトが終了したため、塚本研へ戻った。霞を食うような生活が続いた。

二〇一一年からは、餌場が違えばアカウミガメの産卵個体の生残や繁殖にどのような影響があるのかを本格的に調べることにした。かつて南部時代にこの課題に少し取り組んだが、当時は甲長を餌場の指標として様々な特性との関連を調べていた。しかし甲長の頻度分布は浅海と外洋の摂餌者間で多少重なっている。二〇〇八年の屋久島調査のように、安定同位体比に基づいて個体の餌場を正確に判別する必要があった。

二〇一一年五月中旬から七月中旬まで、途中二週間の一次帰京をはさんで、屋久島永田でアカウミガメの産卵個体調査を行った。屋久島うみがめ館との共同研究である。二〇一一年から五年連続で屋久島を訪れているので、二〇一一年の記憶が薄らいできた。この年はスタッフの齊藤正宗さんと高木明日香さんや有償ボランティアの米田麻衣さん達に御協力いただき、百五十五個体から安定同位体分析用の卵を採取した。同位体比に付随する繁殖特性データの収集が、今回の主な目的であった。一産卵期内の産卵頻度と回帰間隔を調べた。屋久島うみがめ館は産卵個体の識別調査を、四月下旬から八月上旬の産卵期を通して一九八五年から毎年継続しているので、個体の履歴を調べればこれらのデータを収集できる。

まず一産卵期内の産卵頻度である。これを知るためには、どの産卵巣がどの個体によるものなのかを把握する必要がある。しかし屋久島永田浜では、日本で一番アカウミガメの産卵が多いこともあり、全ての産卵巣についてそれを行うのは無理である。二割ぐらいは見落としがある。そこで産卵間隔（連続する産卵の間の日数）を基に見落としがあったかどうかの見当をつける。変温動物であるアカウミガメの産卵間隔は、水温が高ければ短く、水温が低ければ長くなる傾向があり、十日から二十五日ぐらいまで水温と共に変動する（栗原・大牟田、一九九四：Sato *et al.*, 1998）。例えば四月下旬から六月中旬までの寒い時期の、ある個体の産卵間隔が二十四日だったとしよう。この時期の水温から判断して、産卵間隔が二十四日になることは十分あり得る。よってこの個体の産卵頻度は二となる。一方、六月中旬から八月上旬までの暑い時期の、ある個体の産卵間隔が二十四日だったらどうだろうか。この時期の水温から判断して、産卵間隔が二十四日になることはあり得えそうにない。十二日目の産卵を見落としていた可能性が高いと考え、この個体の産卵頻度を三とする。こうした手順で一産卵期内の産卵頻度を推定できる。しかしこの手順は、ある個体の最初と最後の産卵の間にしか適用できないので、推定された産卵頻度は最小値となる。

次に回帰間隔である。上記のようにウミガメは一産卵期に複数回の産卵を行うので、ある年にある個体を識別する機会が複数回ある。故に永田浜に産卵に来た個体はほぼ全て識別できているとみなせる。前回の産卵年と二〇一一年の間に、永田浜で産卵があったが見落としたとは考えにくい。またウミガメは非常に産卵場に対する固執性が強いので、その間に別の浜で産卵したが永田浜を訪れなかったとも考えにくい。よってその間の年数が回帰間隔となる。

帰京して卵黄の安定同位体分析を行った。同位体比測定には研究所の共同利用機器を用いた。百五十五個体と標本数が多かったので、二晩研究所に泊まり込んで測定を続行した。研究所には仮眠を取れる部屋があるのだ。測定のためにずっと座りっぱなしだったので、最後の方は腰にかなり堪えた。その結果を記す。既報(Hatase *et al.*, 2010; Watanabe *et al.*, 2011)と同じ同位体比の基準を用いて個体の餌場を判別した。二〇一一年には外洋摂餌者が十三個体、浅海摂餌者が百四十二個体いた(図4・1)。既報同様、外洋摂餌者は浅海摂餌者よりも有意に小さかった。一産卵期内の産卵頻度であるが、外洋摂餌者の方が浅海摂餌者よりも有意に少なかった。外洋の主な餌である浮遊生物と、浅海の主な餌である底生動物の間の、量や質の違いが効いているのかもしれない。また回帰間隔であるが、外洋摂餌者の方が浅海摂餌者よりも有意に長かった。この結果は、第3章の「エネルギー収支と回帰間隔」の節で述べた理論的予測と一致していた。外洋の主な餌である浮遊生物は栄養価が少ないし、餌を求めて移動する距離が長いので、次の繁殖のためのエネルギーや栄養素を蓄積するのにより年月がかかるのであろう。つまり今回調べた二つの繁殖特性に餌場の違いが効いていたことになる。

海外でも安定同位体分析と衛星追跡の普及と共に、餌場の違いがウミガメの繁殖特性にどのような影響を及ぼすのかを調べた論文が徐々に出つつあった。ギリシャのザキンソス島で産卵するアカウミガメにおいては、浅海の餌場が違えば、体サイズも一腹卵数も異なっていた(Zbinden *et al.*, 2011)。仏領ギアナで産卵するオサ

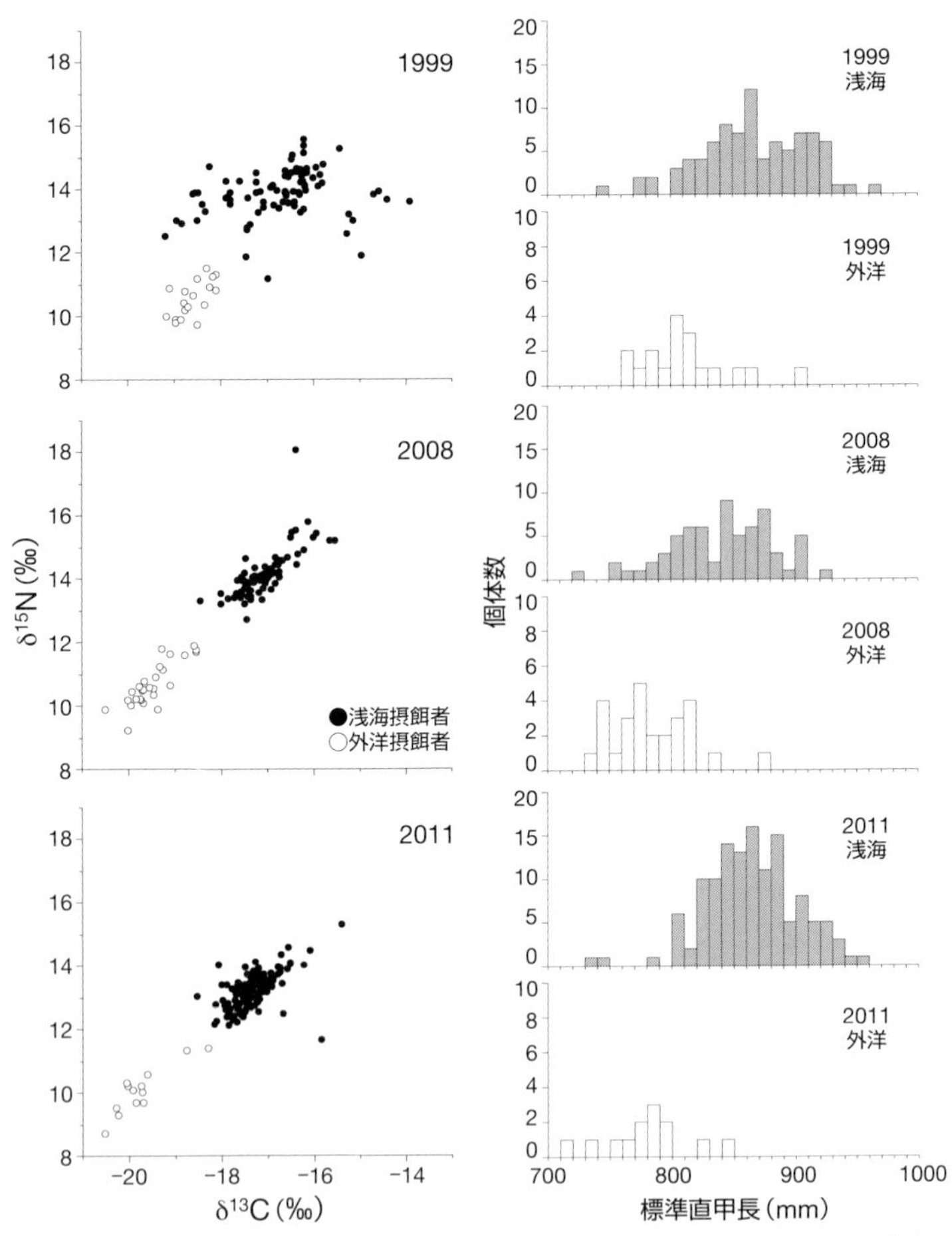

図4・1　(左) 1999, 2008, 及び2011年に，屋久島でアカウミガメが産んだ卵黄の炭素・窒素安定同位体比(δ^{13}C・δ^{15}N) (Hatase *et al*., 2013より改変)．図1・10及び1・11に基づき，δ^{13}Cが<-18‰かつδ^{15}Nが<12‰の卵黄をもつ個体を外洋浮遊生物食者，δ^{13}Cが≥-18‰またはδ^{15}Nが≥12‰の卵黄をもつ個体を浅海底生動物食者としている．(右)各年における両摂餌者の標準直甲長の分布

ガメにおいては、外洋の餌場が違えば、回帰間隔が異なっていた（Caut *et al.*, 2008）。しかしながら、体系的にいくつかの繁殖特性を調べ、産み出す子ガメの数を数値化して、各々の摂餌行動の生産性を評価するまでに至った研究は皆無であった。

調査中の出来事をいくつか記す。この年は私より年配の方々と、かめハウスで御一緒することが多かった。三月に起きた東日本大震災の影響でウミガメ調査ボランティアが集まらず、大牟田さんが知り合いに声を掛けたのだ。やはり年の功なのか、若者達よりも私を含めたおっさん軍団の方が、格段に料理が上手かった。地元永田出身で関西にお住まいの方は、バイクスーツを着て大型自動二輪を颯爽と乗りこなしており、格好良かった。バイクのスピーカーから流していたのが若い娘の曲というギャップが面白かった。またこの年にはかめハウスにエアコンが設置されていたので、暑さに悩まされることなく安眠できた。冷房効率を高めるために、梁が剝き出しだった天井に板が張られていた。

栗生での行政主催の屋久島ウミガメ情報交換会に出席後、尾之間の温泉へ連れて行ってもらうことがあった。硫黄の臭いがする本格的な温泉である。地元民は無料らしく、年配の方々をよく見かけた。かめハウスではシャワーのみなので、久々に湯船につかって夜間産卵調査の疲れを癒やした。調査中はマスメディアの情報を浴びることがほとんどないので、温泉のロビーのテレビで放映されていた韓流ドラマが妙に新鮮だった。

たまに突風が吹きすさぶ中、夜間産卵調査を行うことがある。砂が飛んできて非常に痛い。カッパのフードを被って砂嵐をやり過ごす。用心していないと記入した調査票を吹き飛ばされることがある。その晩の努力が水泡に帰すのである。眼鏡が吹き飛ばされたこともあった。暗闇の中、十分ほど落ちた眼鏡を裸眼で探し回ったが、なかなか見つからなかった。最終的に元いた所に落ちていたのを発見した。意外と着地後に転がってな

図4・2　益救神社の奉納太鼓演奏

くて安堵した。晴れた日に風が強いだけならまだいいのだが、雨かつ突風の日はお手上げである。傘をさせないので、調査票を濡らさないようにするのが至難の業である。こうした日に傘をさして、何度傘を飛ばされて壊されたか知れない。ちなみに雨の日は、耐水紙の調査票を使い、透明のゴミ袋で覆っている。

過去三度、屋久島調査に来た際は、あまり観光せずに、すぐに島を去ったものだが、この年から色々と寄り道しながら帰るようになった。前年にミラーレスデジカメを購入したのがきっかけとなった。いい道具を持てば、使ってみたくなるのが人情だ。調査後、まず宮之浦で一泊した。レストランで晩飯にトビウオの唐揚げを食べたろうか。骨まで食べられた。トビウオとサバが屋久島名物で、大抵の食堂のメニューにある。島内では鰹節ならぬサバ節が作られており、軟らかいので芋焼酎のつまみになる。その夜は観光センターで、益救（やく）神社の奉納太鼓が演奏されていた（図４・２）。翌日、白谷雲水峡に行った。苔生した岩や屋久杉（図

図4･3　白谷雲水峡の苔生した屋久杉

4・3）がたくさん見られる初心者用ハイキングコースがあり、映画『もののけ姫』（宮崎駿監督）の参考にされたという話もある。四時間ほど歩いた。途中、人に慣れたヤクシカが餌を目当てに寄ってきた。ヤクザルも見かけたが寄っては来なかった。折り返し地点である太鼓岩から屋久島の奥地がよく望めた。天候にも恵まれ、いい写真がたくさん撮れた。帰路、かめハウスで一緒だったボランティアの方々にも偶然お会いした。考えていることは皆同じである。

白谷雲水峡散策後、宮之浦から高速船で薩摩半島南部の指宿へ向かった。指宿と言えば砂蒸し温泉である。海浜で砂を全身にかけられて温まるのだ。唯一砂に埋もれていない顔に蚊が寄ってきて少し興が醒めた。指宿は虫のいない時期に訪れた方が楽しめるのかもしれない。指宿滞在後、鹿児島中央駅から、新しく開通した九州新幹線に乗った。関西の実家へ帰省する途中に、熊本城に立ち寄った。加藤清正が築いた城郭は予想以上に巨大だった。西南戦争で薩軍に攻められた際に、籠城した明治新政府軍が持ち堪えて、難攻不落の伝説を実証したというのも頷ける規模だった。

この稿執筆中に熊本で大きな地震があった。訪れた熊本城の石垣や屋根瓦も崩れたと報道されていた。犠牲者の御冥福と被災地の復興を祈念いたします。

産み出す子ガメの数の数値化

繁殖特性に餌場の違いが効いていることは分かった。では結局、餌場が違えば産み出す子ガメの数にどれぐらいの違いを生じるのだろうか。これを数値で明示する必要がある。多型に遺伝が関わっていないとすれば、産み出した子供のうち性成熟に達するまで生き残った子供の数で定義される「適応度」は、型間で釣り合わない筈である。逆に遺伝的多型ならば、適応度は等しい筈だ。なぜなら自然淘汰を通じて適応度の高い遺伝子型のみが集団中に広まるので、適応度が等しくないと多型は共存し得ない。子供が性成熟に達するまでの生残率はまだ分からないので、ここでは便宜的に産み出した子供の数を適応度の指標とする。それを計算するために調べるべき繁殖特性がまだいくつかあった。一腹卵数、孵化幼体の巣からの脱出成功率、及び繁殖頻度である。

まず一腹卵数である。屋久島うみがめ館では、ほぼ毎年屋久島を通過する台風が永田の砂浜を大きく抉るので、浜の中腹より海側に産み落とされた卵塊を、安全な浜の上部へ移植することにしている。その際、卵数を数えてから埋めるので、どの個体が何個卵を産んだのかを把握している。また後述の孵化調査の際にも、巣内の孵化卵殻数と未孵化卵数から一腹卵数を推定できる。一九九九年と二〇〇八年に同位体分析した個体の一腹卵数データを用いた。

次に孵化幼体の巣からの脱出成功率である。これは一腹卵数に対する巣から脱出した幼体の割合で定義される。屋久島うみがめ館では、二〇〇二年から孵化調査を毎年行っている。孵化期である七月下旬から十月上旬まで、毎朝砂浜を歩き、子ガメの足跡を辿って脱出巣を探す。脱出巣を見つけたら、日付を記した割り箸と目印となる棒を立てる。初脱出を確認してから数日後に巣を掘り返し、孵化率及び脱出成功率を調べる。掘り返した時に出てきた幼体に関しては、孵化したが自力脱出できなかったとみなす。日中は暑いので、この掘り返し作業は夕方から夜にかけて行う。産卵個体調査時に、日付と標識番号を記入した牛乳パック片を折り畳んで巣に入れているので、それが発見できればその巣がどの個体由来なのかが分かる。二〇〇八年に同位体分析した個体が産んだ巣からの脱出成功率データを用いた。

そして繁殖頻度である。これはある個体が迎えた産卵期の数である。一九九九年に安定同位体分析を行った百五個体が、屋久島うみがめ館が産卵個体調査を開始した一九八五年から二〇一一年までの間に、何回永田浜で産卵期を迎えたのかを調べた。このデータこそ屋久島うみがめ館に関わった多くの方々の努力の結晶であり、軽々しく扱えるものではない。二〇一二年に二ヶ月弱、産卵及び孵化調査に参加することで、データを使わせていただくことになった。また繁殖特性の年変動を調べるために、一九九九年に同位体分析した個体の、一産卵期内の産卵頻度のデータを使用することもお許しいただいた。

二〇一二年五月中旬にかめハウス入りすると、なんと私一人だけだった。電話で大牟田さんと話した時にそのことを聞いていたが、いつもの冗談だろうと受け流していた。まさか本当に一人とは……。炊事、洗濯、掃除、調査道具の準備等、全て単独作業である。一ヶ月の間、たまに数日間かめハウス入りする人がいたが、ほぼ一人だった。最後に長期ボランティアの佐藤多恵さんと被ったぐらいか。夜間産卵調査には、うみがめ館事務局スタッフの大木敬幸さん、中平　工さん、島崎知美さんも駆り出されていた。夜間調査と日常業務をこなしつつ、空いた時間に事務局のデータベースから産卵個体の履歴データを取得させてもらった。この年辺りから立派な公衆トイレがいなか浜駐車場にできたので、かめハウスの和式汲み取り便所を使うことがあまりなくなった。用を足しに、皆かめハウスから外へ出るのである。南部時代から使っていたバックライト付きの腕時計が遂に壊れたので、月や潮の干満の現状を表示できる、少し高めの野外用腕時計に買い換えた。太陽電池なので電池交換する必要がなく、時刻も局からの標準電波を受信して自動修正するので、非常に便利である。

一度帰京し、七月中旬から再度かめハウス入りした。この時には人も増えていて安心した。神戸で修業を積んだシェフにお会いした。この方の神戸のお店には、二回ほど忘年しに遊びに行った。夏場は食べ物が腐りやすい。晩飯のカレーを鍋に入れて放置していた。夜間産卵調査から帰ってきたら、かめハウスの中に異臭が漂っていた。鍋を空けたらカレーが黴だらけだった。四ツ瀬で清掃後、バーベキューをするという催しもあった（図4・4）。鹿児島の黒豚が非常に美味であった。八月には外国人の方もボランティアに参加していた。フランス人女性二名であった。片言のフランス語を喋ると喜んでくれたので、語学は大切だと思った。夏休みなので、中学生から大学生まで若者達がたくさん来ていた。多い時には、かめハウスの人員が十人を超えていた。それだけ人がいると、掃除が一瞬で終わった。

七月末に産卵調査から孵化調査へ切り替わった。今まで産卵個体中心に研究してきたので、孵化幼体の調査

図4・4　四ツ瀬浜でのバーベキュー風景

に慣れるのに時間がかかった。最初は子ガメの脱出巣を見つけるのに中学生に負けるぐらいだったが、毎日やっていると徐々に脱出巣が分かるようになってきた。砂が細かいいなか浜では子ガメの足跡が綺麗に残っていて分かりやすいのだが、前浜の永田川河口地区の砂は粗くて足跡を非常に見つけにくい。ベテランの日高アドバイザーでないと担当するのは難しい。

うみがめ館では例年八月の一ヶ月間、夜間開館を行っている。夜中に巣から脱出してきた子ガメを見るために、大勢の人間が電灯を点けて砂浜を歩き回れば、子ガメが踏まれるし、走光性のある子ガメが電灯へ誘引されて、まともに海へ入れなくなる。夜間開館で見学者を惹き付けることで、人間による子ガメへの負担を減らそうという趣旨だ。展示資料館でウミガメの生態に関するレクチャーを行った後、孵化調査の際に巣から自力脱出できずに保護された子ガメを、うみがめ館下の砂浜から放流している。私も一通り係を体験したが、「レクチャーが短すぎるし声が小さい」と、うみがめ館スタッフからダメ出しを頂いた。大勢の前で話すのは、慣れないとなかなか難しい。ボランティアの間で係を回しているが、人に説明するためにはカメの生態について学ばないといけないので、優れた教育になっていると思う。最近、研究の世界では、自らの研究を分かりやすく世間一般の人々に伝える活動であるアウトリーチの重要性がよく言われるが、こうしたＮＰＯ活動への参加が絶好のアウトリーチになるのではないか。昼間の開館時にも日常的に、受付担当者が入館者に対して、展示物の説明を懇切丁寧に行っている。

この頃からかめハウスでヤクシカの肉を御馳走になることが多くなった気がする。以前、永田ウミガメ連絡協議会で活動されていた大牟田幸久さんが、狩猟で捕らえたヤクシカの肉をお裾分けしてくれるのだ。野生動物だけあって煮込むと非常に獣臭が強い。生姜や味噌等を入れて臭みを消す必要がある。焼けば臭いは気にならず、そのまま食べられる。またうみがめ館隣にある民宿いなかはまの岩川和司さんが、よく魚の刺身を差し入れてくれるので、晩飯のおかずが増えて非常に助かる。大牟田一美代表の弟さんである文美さんが経営する、うみがめ館向かいの海の家「ハッピーいなかはま」に行くと、こちらが払う以上のものをおまけしてくれるので恐縮する。文美さんにはよく自家製のぐぁばジュースを頂いている。

調査を終えて、この年は鹿児島空港近くにある霧島温泉へ疲れを癒しに行った。高原にある泥パックが売りの温泉で、私も全身泥まみれにしてみたが、おっさんの肌にはあまり効かないようだった。霧島神宮を見学後、九州新幹線で関西の実家へ帰省する途中、福岡の太宰府天満宮へ立ち寄った。学問の世界で生きていることもあり、学問の神様、菅原道真を祀っている総本社を詣でておきたかった。お参りしておけば何か御利益があるかもしれないと期待しつつ。拝殿前の池や橋等の敷地の構成が、東京の亀戸天満宮や京都の長岡天神とそっくりだった。天満宮と言えば梅である。名物の梅ヶ枝餅を土産に買って帰路に就いた。梅の味はしない餡入り餅であった。
帰京後、頂いたデータの解析を行った。既報（Hatase *et al.*, 2010; Watanabe *et al.*, 2011）と同じ同位体比の基準を用いて個体の餌場を判別した（図4・1）。まず一腹卵数である。体サイズの小さい外洋摂餌者の方が、体サイズの大きい浅海摂餌者よりも、一腹卵数が有意に少なかった（表4・1）。外洋摂餌者は体の容積が小さい分、あまり多くの卵を抱えることができない。次に巣からの脱出成功率であるが、摂餌者間で有意な違いがなく、どちらも六割ぐらいだった。これは個々の卵の質には餌の違いが影響を及ぼさないことを示唆した。一産卵期内の産卵頻度は、一九九九年のみの場合は、摂餌者間で有意な違いが見られなかったが、前年に解析した二〇一一年のデータを併せると、外洋摂餌者の方が有意に少なかった。最後に繁殖頻度であるが、外洋摂餌者の方が浅海摂餌者よりも有意に少なかった。それに対応して、外洋摂餌者の方が浅海摂餌者よりも回帰間隔が有意に長かった。外洋では繁殖のためのエネルギーや栄養素を獲得するのが、浅海よりも難しいのであろう。

両摂餌者毎に、一腹卵数、巣からの脱出成功率、一産卵期内の産卵頻度、及び繁殖頻度の平均値を掛け合わせ、巣からの脱出幼体総数を計算した。これを累積繁殖出力と定義した。累積繁殖出力は、浅海摂餌者の方が外洋摂餌者よりも二・四倍高かった（表4・1）。つまり浅海摂餌者は外洋摂餌者よりも二・四倍多く子ガメを産み出していることになる（Hatase *et al.*, 2013）。この生産性の違いを相殺するには、外洋摂餌者の子供の、地上へ出現してから最初の繁殖に至るまでの間の生残率が、浅海摂餌者の子供のそれよりも二・四倍高くなければならない。第3章で示したように、両摂餌者が同様の年齢で繁殖加入してくることを考えると（図3・19）、この相殺は起こりそうにない。故に、浅海摂餌者の方が外洋摂餌者よりも高い適応度をもつと推察され

表4・1　1999, 2008, 及び2011年に屋久島で産卵したアカウミガメの，外洋摂餌者と浅海摂餌者の間での繁殖特性の比較（Hatase *et al.*, 2013より改変）．餌場の判別は，卵黄の$\delta^{13}C$・$\delta^{15}N$による（図4・1参照）．P値はMann-WhitneyのU検定で算出した

繁殖特性	外洋摂餌者			浅海摂餌者			p
	平均±標準偏差	範囲	標本数	平均±標準偏差	範囲	標本数	
標準直甲長（mm）	791 ± 36	715-902	58	859 ± 41	729-968	282	<0.0001
一腹卵数	103.2 ± 15.6	78.0-134.5	22	115.5 ± 19.8	64.0-164.0	98	<0.005
巣からの脱出成功率（%）	64.8 ± 13.3	43.0-80.0	7	62.8 ± 17.6	23.3-86.8	32	
巣当たりの脱出幼体数	66.3 ± 15.4	34.0-80.0	7	68.9 ± 23.3	24.0-114.0	32	0.94
一産卵期内の産卵頻度（回）	3.6 ± 1.0	1-5	31	4.3 ± 1.2	1-6	229	0.0005
繁殖頻度（回）	1.8 ± 1.2	1-5	16	3.3 ± 2.3	1-10	82	<0.005
繁殖寿命（年）	4.0 ± 3.8	1-12	16	4.8 ± 3.5	1-15	82	0.17
累積繁殖出力（幼体数）[a]	433 ± 16			1029 ± 27			
卵採取直前の回帰間隔（年）	4.9 ± 1.5	3-7	7	1.6 ± 0.6	1-3	125	<0.0001
個体内での平均回帰間隔（年）	3.8 ± 0.9	2.8-5.0	8	1.8 ± 0.5	1.0-3.0	69	<0.0001

[a] 累積繁殖出力 = 一腹卵数 × 巣からの脱出成功率 × 一産卵期内の産卵頻度 × 繁殖頻度

る。この結果と、摂餌者間でmtDNAの塩基配列や核DNAのマイクロサテライトにおいて遺伝的構造が見出せないこと（Watanabe *et al.*, 2011）に基づき、アカウミガメ個体群内に見られる回遊及び生活史の多型現象は、後天的なものであることが強く示唆された。このように環境に応じて行動や生活史を大きく変えられる能力をもつことで、ウミガメ類は一億年を超える進化史を生き残ってこられたのかもしれない。

俗にウミガメが卵から大人になれるまでの確率は五千分の一と言われる。性比を一対一とすると、一頭の雌が一万個の卵を生涯に産み出すことになる。今回計算した屋久島のアカウミガメが生み出す子ガメの数は、外洋摂餌者四百三十三頭、浅海摂餌者千二十九頭であった（表4・1）。巣からの脱出成功率を抜いて卵に換算しても、外洋六百六十九個、浅海千六百三十九個となり、俗説一万個よりもずっと少ない。これには調査期間が二十七年間であることも関わっているので、補正する必要がある。個体の回帰様式から算出される年生残率は、外洋と浅海で変わらず平均〇・八七一である。これから初産からの期待余命（三浦、一九九七）を計算すると七・二年、これに初産の一年を足して平均繁殖寿命は八・二年となる。これを外洋と浅海の平均回帰間隔である三・八年と二・八年で割り、一を足して生涯繁殖頻度を算出すると、外洋三・二回、浅海五・六回となる。この値を用いると、生涯に産み出す卵数は、外洋千百七十八個、浅海二千七百七十二個となる。補正しても一万個には満たないようである。外洋と浅海の摂餌者の割合が二対八なので、重み付け平均した生涯産出卵数は二千四百五十三個となる。性比を一対一とすると、屋久島のアカウミガメが卵から大人になれるまでの確率は千二百分の一となるだろうか。

平均年生残率〇・八七一を用いると、最大繁殖寿命も計算できる。等式 $(0.871)^x = 0.001$ を解いて、一を足せばいいのである。計算すると、千頭のうち一頭は五十一年間繁殖できることになる。実際、屋久島永田浜には、右後肢を欠いたアオウミガメ「ジェーン」が、一九七八年から数年毎に産卵に訪れているので（KYT鹿児島読売テレビ、二〇〇五）、この数字は大袈裟なものではない。野外でアカウミガメが性成熟に達するのに約三十年かかるとすると、千頭のうち一頭は百年近く生きることになる。

この平均年生残率〇・八七一は、プログラムMARK（White and Burnham, 1999）を用いて算出した。このプログラムでは回帰様式に基づいて、標識個体の回帰率に影響を及ぼす二要因である、生残率と発見率を分けて計算してくれる。例えば、ある年にカメ十頭に標識を付けて、その後帰ってきたカメが三頭だったとしよう。普通に考えれば回帰率三割なので、その間のカメの生残率も三割だったということになるだろう。しかしこの回帰率には、カメ自体の生残率と調査者自体のカメの発見率が関わっている。本当は六頭帰ってきていたが、調査努力が少なく、五割しかカメを発見できなかったのかもしれない。このプログラムはこうした問題を解決してくれる。算出した平均発見率は、外洋摂餌者と浅海摂餌者の間で違いはなく、〇・八五九だった。平均年生残率、平均回帰間隔、及び平均発見率を用いれば、回帰率を算出できる。$(0.871)^{3.8\text{もしくは}1.8}\times 0.859\times 100$を計算すると、外洋摂餌者の回帰率は五十一％、浅海摂餌者の回帰率は六十七％となる。この結果は、第1章の「異なる竜宮城の効果」の節で述べたが、南部において、有意ではないものの直甲長九百ミリ以上の大型個体の回帰率が高かったことと矛盾しない（図1・22）。

我々の研究の後、米国東海岸ジョージア州のワッソー島で産卵するアカウミガメの、餌場毎の生産性を調べた論文が発表された（Vander Zanden *et al.*, 2014）。長さ十四キロの浜であるが、産卵個体数が少ないので、屋久島のようにほぼ全ての個体を識別できているようだ。衛星追跡と安定同位体分析に基づいて三つの浅海摂餌群に分け、繁殖特性から産み出す子ガメの数を計算している。三十九年間の繁殖履歴データを用いて算出した累積繁殖出力は、九百十六、六百二十一、及び八百八十九で、摂餌群間で有意な違いは見られない。二十七年間の繁殖履歴データで出した屋久島のアカウミガメのそれが外洋四百三十三と浅海千二十九だったことと比べると随分少ない（表4・1）。ワッソー島でのアカウミガメ卵の孵化率が二〜四割という低い値であることが原因のようだ。その後、米国フロリダ東部のアーチー・カー国立野生生物保護区で産卵するアカウミガメの、繁殖特性と餌場との関連を調べた論文も出てきた（Ceriani *et al.*, 2015）。この論文も衛星追跡と安定同位体分析を併用して、産卵個体を三つの浅海摂餌群に分けている。浜の長さが二十一キロほどで、年間六千から一万七千巣も産卵があるので、屋久島やワッソー島のようにほぼ全ての産卵個体を識別できている訳ではない。故に累積繁殖出力は算出できないが、一腹卵数や回帰間隔に、三つの浅海摂餌群間で有意な違いを生じている。餌場への回遊距離が短ければ、回帰間隔が短くなるようだ。これら米国で成された二研究に比べると、調べた繁殖特性が一腹卵数のみであるが、地中海で産卵するアカウミガメにおいても、衛星追跡や安定同位体分析で調べた餌場と繁殖特性との関連を調べた論文が出てきた（Cardona *et al.*, 2014; Patel *et al.*, 2015）。異なる竜宮城の効果の探求が、現代のウミガメ研究においては益々主流になりつつある。

なお屋久島のアカウミガメ産卵個体は二〇〇八年から急増したが、外洋と浅海を利用する個体の割合は、一九九九年と二〇〇八年の間であまり変わっていない（図4・1）。これはどちらの餌場を利用する個体も増えたことを意味する。

子供の量と質のトレードオフの探索：卵質

同じ砂浜で産卵するアカウミガメでも、浅海で主に底生動物を食べている大型個体の方が、外洋で主に浮遊生物を食べている小型個体よりも、圧倒的に多くの子ガメを産み出していることが分かった（表４・１）。しかし本当に浅海と外洋の摂餌者の間で、個々の子ガメの質に違いはないのだろうか。産み出される数が少ない外洋摂餌者の子供に何らかの秀でた点があれば、二・四倍の生産性の差を相殺する可能性はまだ残されている。このような、一方が成り立てば他方が成り立たない拮抗的な関係を、トレードオフという。詳しく言えば、外洋摂餌者由来の子供の、地上に出現してから最初の繁殖までの期間の生残率が二・四倍高ければ、生産性の違いが相殺され、適応度が釣り合う可能性がある。その場合、多型は後天的なものではなく遺伝的なものなのかもしれない。かつて用いた遺伝子マーカーの解像度が低かったので、摂餌者間の違いを検出できなかった可能性がある。実際、アイスランドに生息するホッキョクイワナには、同所的に魚食、大型底生生物食、浮遊生物食、及び小型底生生物食の四型が出現するが、マイクロサテライト五座位ぐらいでは型間での違いがはっきりしない（Gíslason *et al.*, 1999）。しかし四型由来の卵・仔魚を同一環境で孵化・飼育すると、異なるサイズの仔魚が生まれ、異なる成長を示し、異なる年齢で性成熟に達するので、多型への遺伝の関与が証明されている（Skúlason *et al.*, 1996）。二〇一三年からは、子供の上記期間の生残率に関わってくる初期生活史特性である、幼体の体サイズ、成長速度、及び死亡率等に焦点を当てて研究を行うことにした。

この年から三年間、研究代表者として申請していた科学研究費補助金若手研究（B）が採択された。六回出して初めて当たった。当落には、自らの研究課題が、応募する分科細目に相応しいかどうかが結構関わっているような気がする。私は日本水産学会と日本生態学会に所属しており、水産学会でよく学会発表を行っている。しかし研究内容は純粋な生態学である。科研費を水産学分野で応募して採択されるには、漁業との関連、ウミガメの場合には混獲等と絡めて研究目的を書かないと難しいようだ。この採択された若手（B）は二つの審査区分で応募できたので、水産学と生態学を選んでいた。ウミガメは絶滅危惧種なので、生物資源保全学という分野でも応募できる。その際は、保全に重点を置いて研究目的を書く必要がある。この稿を書いている間に、二〇一六年度から三年間、研究代表者として申請していた科研費基盤（C）が採択されたという福音を耳にした。これは生態学の分野で応募していた。科研費が採択されたことで、少し気分が楽になった。自ら行ってきたことが認められるのは、素直に嬉しいものである。

科研費若手（B）は採択されたものの、二〇一二年度をもって受入教官の塚本先生が退官されてしまった。無給研究員として同じ行動生態計測分野の小松輝久先生に受け入れてもらい、研究を続けることにした。半年間、雇用保険で糊口を凌いだ。ちなみに雇用保険受給期間中に研究をしてはいけないとは、どこにも書かれていない。世間一般には研究は仕事とみなされていないのだろう。その後、所属する大気海洋研究所で東日本大震災関連のプロジェクト（東北マリンサイエンス拠点形成事業）が技術補佐員を募集していたので、やむなくそれで生活費を稼いで研究を続けている。ホームページやメーリングリストの管理等の情報関連の仕事である。書類上、週四日東北マリンの業務、週一日行動生態計測分野でウミガメ研究ということにすれば、科研費は使えるのだ。ウミガメ調査で出張する際には、その間の財源を東北マリンから分野経費へ振り替えればいい。ウミガメ研究だけで生計を立てられる受入先を色々と探ってはいるが、なかなかないのが現状だ。霞を食うような生活が依然続いている。

まず二〇一三年は、子供の出発点となる卵の質に関して詳しく調べた（Hatase *et al.*, 2014）。五月中旬から三週間、かめハウスに滞在した。洗濯物の干場や生ゴミ用のコンポストがある高台に、立派な倉庫が築かれていた。この年に私が契約している携帯電話会社のアンテナが遂に永田に建ったので、スマホに買い替えた。料金は高いがネットが使えて便利である。節約のため、それまで家でネットを引いていなかった。わざわざ宮之浦港まで行って、灰色の公衆電話にノートパソコンを繋いでメールのやりとりをしていた時代と比べると、隔世の感がある。

うみがめ館スタッフの大木敬幸さんと小出祥太郎さん、及び有償ボランティアの小野研二さんと野辺幹蔵さん達に御協力いただき、標準直甲長八百ミリ未満かつ標準直甲幅六百三十ミリ未満の小型個体十頭と、甲長八百ミリ以上かつ甲幅六百三十ミリ以上の大型個体十頭が産み出した卵を一頭につき五個、計百個採取した。小型の外洋摂餌者と大型の浅海摂餌者の割合が一対四ぐらいなので（図4・1）、安定同位体比に基づいて餌場を判別した際に標本数が等しくなるように、小型を中心に産卵個体を選んだ。卵を冷凍保存して研究室へ持ち帰り、卵径・卵重を計測した。五個のうち一個は安定同位体分析に、四個はまとめてタンパク質や脂質等の栄養成分分析に用いた。

栄養成分分析は、大学で学部へ進んだ時に最初に習った。この化学分析は、最も基礎的な食品成分分析手法である。卵殻を除いた卵白と卵黄の栄養成分含量を調べた。まず試料を恒温乾燥器に入れて水分を蒸発させる。乾物となった試料中の、タンパク質含量をケルダール法で、脂質含量をクロロホルム・メタノール法で、灰分含量を燃焼させることで測定する。最後に乾物重量からこれら三成分を差し引くことで炭水化物含量を計算する。現在では大抵の食品にこれらの栄養成分が表示されている。栄養成分分析を専門に行っている会社があるので、測定を依頼した。安定同位体比の測定も、今回は二十個体と少数だったため、業者に委託した。同位体比測定機器に用いる高価な試薬代や、測定に要する手間を勘案すると、外注した方が割安になるのである。同位体比測定のための前処理である、脱脂乾燥粉末化は自ら行った。粉末をマイクロチューブに詰めて業者へ送った。

結果である。既報（図4・1）と同じ同位体比の基準で判別すると、外洋摂餌者が九頭、浅海摂餌者が十一頭いた。この二群間で様々な特性を比較した。卵径、卵重、卵殻重や、卵黄と卵白中の栄養成分である水分、タンパク質、脂質、炭水化物、及び灰分の含量全てにおいて、摂餌者間で有意な違いが見られなかった（表4・2）。主な餌である外洋の浮遊生物と浅海の底生動物では栄養価が明らかに違うのに、そこから作り出される卵の質に関しては何も変わらないという驚きの結果であった。この結果は、摂餌者間で幼体の巣からの脱出成功率に有意な違いがなかったことと矛盾しない（表4・1）。また同質の卵を作るために、外洋で栄養価の乏しい浮遊生物を食べている小型個体は、浅海で栄養価の豊富な底生動物を食べている大型個体よりも、約二倍長い回帰間隔を必要とすると解釈できる（表4・1）。

しかし栄養価的に劣った浮遊生物を食べている外洋摂餌者は、なぜ個々の卵を大きくして孵化幼体の生残率を高めるような反応を示さないのだろうか？　現にグッピーやアユ等は、餌条件が悪ければそのような反応を示す。アカウミガメの卵を多少大きくしたところで孵化幼体の生残率にあまり影響がないということなのかもしれない。また最適卵サイズ理論（Smith and Fretwell, 1974：後藤・井口、二〇〇一）によると、親の餌場に関係なく子供が同様の環境で成育するのなら、卵サイズは変異しない。実際、日本で生まれたアカウミガメは全て、黒潮により外洋の中央北太平洋へ流され、そこで成育すると考えられている（Bowen *et al*., 1995）。こ

表4・2　屋久島で産卵したアカウミガメの，外洋と浅海の摂餌者間での体サイズと卵特性の比較（Hatase *et al*., 2014より改変）．餌場の判別は，卵黄の$\delta^{13}C$・$\delta^{15}N$による．宮崎（山内ら，1984）と米国フロリダ（Bouchard and Bjorndal, 2000; Tiwari and Bjorndal, 2000）で産卵したアカウミガメの体サイズと卵特性も示す．P値はt検定で計算された

サイズと成分	外洋摂餌者（9個体）		浅海摂餌者（11個体）		P	宮崎[a]	フロリダ	
	平均±標準偏差	範囲	平均±標準偏差	範囲		平均（±標準偏差）	平均±標準偏差	個体数
産卵雌								
標準直甲長（mm）	789±47	757-908	852±65	759-918	<0.05		909±50	51
直甲幅（mm）	622±33	584-683	667±39	610-719	<0.05		680±40	51
卵								
一腹卵塊内の5卵の直径の変動係数（%）	1.6±0.5	0.8-2.2	1.6±0.8	0.3-2.9	0.86			
一腹卵塊内の5卵の質量の変動係数（%）	2.9±1.5	1.5-6.3	2.2±0.8	1.1-3.6	0.17			
卵径（mm）[b]	36.7±1.3	34.9-39.2	37.7±1.4	35.6-39.6	0.10		42.5±1.4	48
卵重（g）[b]	27.52±2.91	22.81-32.80	29.73±3.81	24.95-36.45	0.17	32.40±0.84	39.4±3.8	48
殻湿重（g）	2.4±0.5	1.8-3.0	2.6±0.3	2.3-3.0	0.30	1.6 ±0.1		
卵白及び卵黄中の水分（g）	20.3±2.2	17.1-24.5	22.1±3.1	17.6-27.5	0.17	24.9		
卵白及び卵黄中の乾物（g）[c]	4.7±0.6	3.9-5.5	5.1±0.7	4.0-6.0	0.24	5.6	6.2±1.0[d]	20または31
タンパク質（g）	2.3±0.3	1.8-2.7	2.5±0.2	2.0-2.8	0.10	2.7	3.5±0.1[d]	20または31
脂質（g）	1.8±0.2	1.4-2.2	1.9±0.3	1.4-2.4	0.30	2.1	1.4±0.3[d]	20または31
炭水化物（g）	0.4±0.2	0.3-0.7	0.4±0.2	0.1-0.8	0.85	0.4	0.7±2.1[d]	20または31
灰分（g）	0.2±0.0	0.2-0.3	0.3±0.0	0.2-0.3	0.07	0.3	0.6±1.8[d]	20または31
エネルギー（kJ）	131.28±15.91	108.12-152.32	141.45±19.64	114.67-169.92	0.23	156.68	156.31±24.82[d]	20または31

[a] おそらく一腹卵塊から採取された9卵をまとめて栄養成分分析が行われた
[b] 一腹卵塊から，屋久島においては5卵，フロリダにおいては10〜20卵採取している．計算には一腹卵塊内の平均値を用いている
[c] 乾物は，タンパク質，脂質，炭水化物，及び灰分から成る
[d] 平均は，新鮮卵（n＝20）の平均値から孵化後の殻等の残滓（n＝31）の平均値を引いて計算した．標準偏差は，分散の加法性に基づき合成した

れに関しては、将来、浅海と外洋の摂餌者由来の子ガメを衛星追跡して、その目的地が親の餌場と関係があるのかどうかを検証する必要がある。

いくつかのアオウミガメ産卵群を除いて、一般にウミガメにおいては、母親の体サイズと卵サイズに相関はない（Tiwari and Bjorndal, 2000）。しかし屋久島のアカウミガメにおいては、浅海摂餌者のみに母親の体サイズと卵重に正の相関が見られた。いくつかの理論（Parker and Begon, 1986; McGinley, 1989）においては、一腹卵数と子供の生残に正または負の相関がある時、卵サイズは母親の体サイズと共に大きくなると予測されている。二〇一三年の時点では、一腹卵数と子供の生残との関係に関する手持ちのデータがなかったので、翌年以降、この関係を詳細に調べることにした。

今回の屋久島のアカウミガメ卵の栄養成分含量は、過去に宮崎で産出された本種のそれと酷似していた（山内、一九八四：表4・2）。米国フロリダ東部で産出された本種の卵は、日本のものよりも大きく、脂質を除いて栄養成分含量もより多かった（Bouchard and Bjorndal, 2000：表4・2）。洋の東西での脂質含量の差（卵白と卵黄中の乾物に対する脂質の割合：屋久島と宮崎、三十七～三十八％：フロリダ、二十三％）は、孵化幼体のエネルギー要求の違いに起因しているのだろうか。米国産の幼体の方が、あまりエネルギーを消費せずに地中から這い出し、海へ入って、海流に乗って外洋の成育場へ辿り着けるということを意味しているのかもしれない。

屋久島の全二十頭のアカウミガメが産んだ卵において、炭水化物を除く栄養成分含量は、卵重と共に増加した（図4・5）。もう少し標本数を増やせば、炭水化物も卵重と共に有意に増加するような結果であった。つまりアカウミガメの大きい卵には水も乾物も両方が相応に詰まっていることになる。コスタリカの太平洋岸で産

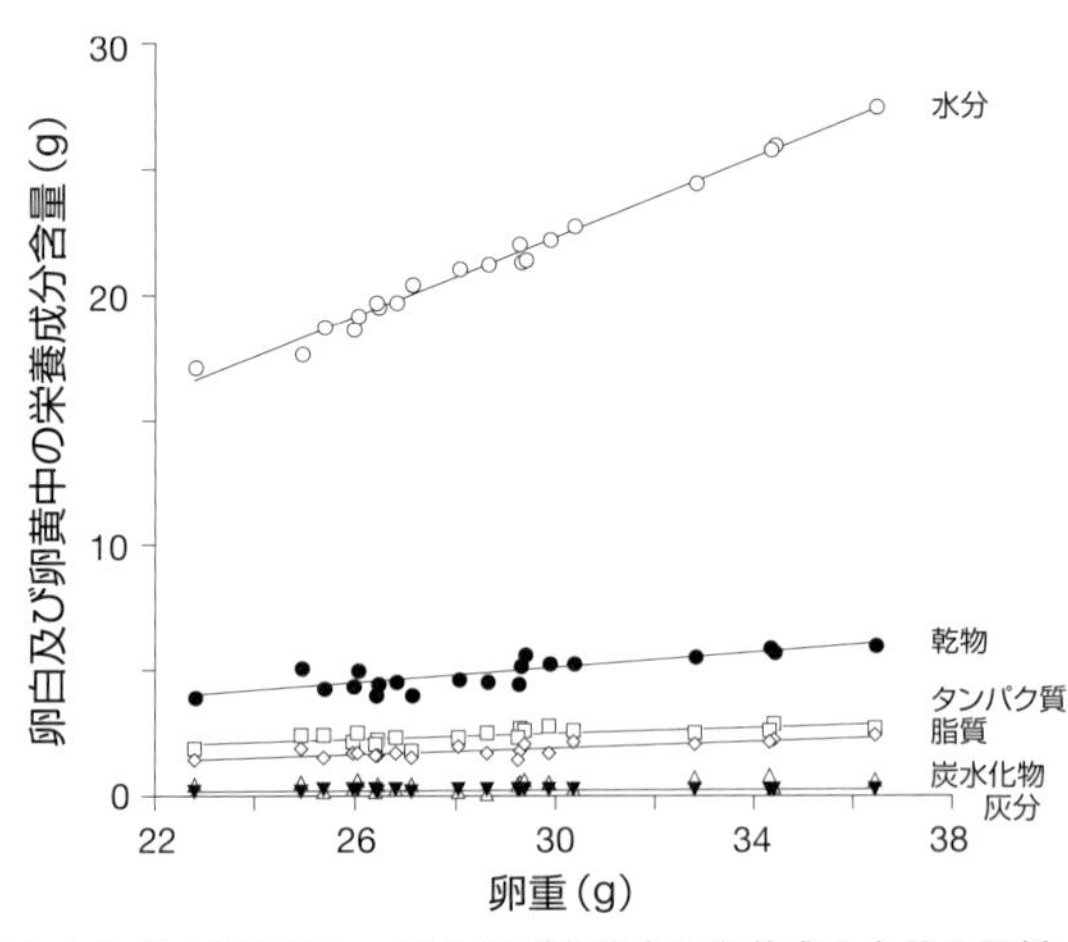

図4･5　アカウミガメの卵重と，卵白及び卵黄中の栄養成分含量の関係（Hatase *et al*., 2014より改変）．外洋と浅海の摂餌者由来の卵をまとめて解析している．炭水化物を除く栄養成分含量と卵重に，有意な正の相関があった．乾物は，タンパク質，脂質，炭水化物，及び灰分から成る

卵するオサガメにおいては、卵重増加には水だけが寄与しており、乾物は増えない（Wallace *et al*., 2006b）。この理由として、①東部太平洋にはオサガメの餌が少ないので、卵重増加に乾物を配分できる余裕がない、②元来オサガメの卵には、他種のウミガメに比べ、乾物が多く含まれているので（卵白と卵黄中の乾物割合：オサガメ、三十五％：アカウミガメ、十八〜十九％：アオウミガメ、十八％［Weber *et al*., 2012］：ヒラタウミガメ、二十％［Hewavisenthi and Parmenter, 2002］）、乾物を卵重増加に寄与させる必要がない、等が考えられる。カメ類においては、卵重と栄養成分含量の関係には決定的な関係はないようなので、この関係を探索することで、カメ類の局所環境への適応の理解が進むのかもしれない。

幼体サイズ

続いて二〇一四年は、孵化して巣から自力で脱出してきた幼体の体サイズに焦点を当てた（Hatase *et al.*, 2015）。前年の研究から、摂餌者間に卵のサイズや栄養成分含量に違いがなかったので（表4・2）、孵化幼体のサイズにも違いがないことが示唆された。しかし卵重は同じでも、異なるサイズの孵化幼体が同一環境から生じる場合がある（Weber *et al.*, 2012; Booth *et al.*, 2013）。つまり卵黄・卵白から幼体の組織への発生過程が遺伝的に異なっている場合があるので、必ずしも大きい卵から大きい幼体が生まれるとは限らない。実際に孵化させてみないと分からない。

五月下旬から三週間、かめハウスへ滞在した。うみがめ館スタッフの大野睦さん、新石學弘さん、小出祥太郎さん、内田麻衣子さん、有償ボランティアの清水亮子さんと杉尾奈穂さん、及び卒論生の川崎了治さん達に御協力いただき、標準直甲長八百ミリ未満かつ直甲幅六百三十三ミリ未満の小型個体十六頭と、甲長八百ミリ以上かつ甲幅六百三十三ミリ以上の大型個体十五頭が産み出した卵塊を、前浜にある孵化場へ移植した。一晩に小型と大型の一または二対が産んだ卵塊を埋めた。屋久島では小型の外洋摂餌者の方が少ないので（図4・1）、小型を中心に産卵個体を選んだ。すなわち上記の体サイズ基準を満たす小型個体が見つからなければ、その日の移植は行わなかった。移植前に一腹卵数を数え、無作為に五個取り出して卵径・卵重を測定した。一卵は安定同位体分析用に採取して、冷凍保存した。掘る人によって巣穴の形が変わると困るので、移植は全て私が行った。巣穴を掘っていると、結構砂埃が舞い、目に入るのだ。ウミガメのように涙を流しながらの作業であった。移植巣には番号札とビニル紐で目印を付けた（図4・6）。移植区域に産卵個体が侵入して掘り返さないように、波打ち際から流木を集めて移植区域を囲った。

産卵個体調査中、一つ珍事件があった。前浜で小型個体が穴掘り失敗を繰り返すので、産卵補助器を使った時のことである。補助器でその個体を吊り上げたところ、卵を落とす前に何と糞をした。液状で臭かった。産

図4・6　移植した巣の場所を，番号札とビニル紐で位置付けている．簡単に引っこ抜けないように，木片にビニル紐を巻き付けて，卵塊の上に埋めている

卵個体の糞なんて初めて見た。一般にウミガメは産卵期に積極的な摂餌を行わないので（田中ら、一九九五）、糞を出すことはまずない。糞も卵もどちらも総排泄腔から出るので、吊り上げられた浮遊感が常と異なり、出すものを間違えたのだろうか。

卵の発生速度は外部温度の影響を受ける。すなわち産卵期初期の寒い時期には、産出された卵塊から幼体が孵化して地上へ脱出してくるのに七十日以上かかるが、暑い時期に産出された卵塊からは五十日未満で幼体が脱出してくる。この産卵日から幼体の地上への初脱出日までの期間を孵化期間という。産卵日と孵化期間の関係を調べた過去の知見（Matsuzawa *et al*., 2002；屋久島うみがめ館、二〇一一）に基づいて七月下旬に再来島し、脱出幼体を捕らえるためのプラスチックかごを移植巣に被せた（図４・７）。今度も三週間、かめハウス入りした。一般に、孵化幼体の巣からの脱出は、日が沈んで砂の表面温度が低下してから起こる。しかし稀に日中でも起こる。かごを移植巣に被せたま

図4･7　巣から脱出してきた孵化幼体を捕獲するために被せたかご

まにしておくと、日中出てきた幼体が閉じこめられ、昼間の熱で干からびてしまう。故に日中、かごは空けておいた。毎日十八時半から二十二時まで被せたかごを一時間毎に見て、脱出を確認した。脱出があれば、一巣につき約十頭の幼体を無作為に選んで直甲長・直甲幅・体重を計測した。一旦かめハウスへ戻り、翌朝六時に再び脱出の確認を行った。初脱出が確認されてから四〜八日後に巣穴を掘り返し、孵化率・脱出成功率を調べた。

この年、うみがめ館にはテレビ局から軽トラックが寄贈されていた。オートマチックトランスミッション車である。前年までの軽トラはマニュアルトランスミッション車だったので、運転できる人が少なかった。買い出しや前浜調査には軽トラで行くので、行く面子が限られてしまうのだ。最近の若者は男性でも、オートマ限定で車の免許を取るのが主流のようだ。何年か前、一日ボランティアに来た可愛い娘を宿まで車で送る際、私しか運転できる人がおらず、若者がかなり悔

図4・8　調査の合間に，海で戯れる若者達

しがっていた。おっさんの面目躍如である。これから車の免許を取る予定の若者に、こういう時のためにマニュアルで取っておいた方がいいと助言しておこう。しかしオートマ車に替わったことで、大抵の人が運転できるようになった。ある日、前浜での孵化調査時に雨が降ってきたので、軽トラの幌付き荷台で幼体の体サイズ計測をしようと車を堤防の側まで動かした。後進での目測を誤って車後部を堤防にぶつけてしまった。不運にも新車損壊第一号となってしまった。修理代が痛かった。

この時期は夏休みなので、かめハウスへ多くの学生達が来ていた。若者達が土面川上流での慰労会や海水浴ではしゃぐ姿を写真に収めた。いいのが撮れて満足した（図4・8）。ちなみに屋久島で初めて調査を行った一九九九年に筆者も泳いだが、それ以来泳いだ記憶がない。調査のために体力を温存している。お盆には、永田地区の公民館がある中地公園から花火が打ち上げられていた。中地公園は、前浜から永田川を挟ん

図4・9　大川の滝．前日までの雨で増水していた

だ対岸にある。花火を見ながらの孵化調査は、なかなか乙だった。また前浜からは永田集落のシンボルである永田岳がよく見える。ここから吹いてくる風は岳おろしと言われ、暑い日の調査時に浴びると爽快である。ただし前浜でも、堤防側には風は吹いてこない。

調査を終えた後、シーカヤックやリバーカヤックが魅力的だったので、しばらく観光して帰ろうかと思った。しかし天候が芳しくなかったので、大川（おおこ）の滝のみ見て帰ることにした。バスの一日券を買って、永田の南にあるその滝を見に行った。直線距離だと近いのだが、バスは永田から南の西部林道を通らないので、時計回りに島を一周して行くことになる。滝は前日までの雨で増水しており、激しく飛沫を上げていた。迫力のある写真が撮れた（図4・9）。見物後、高速船に乗るために安房港まで引き返した。安房のスーパーで、お土産に時計草と芋焼酎の原酒を買って帰った。鹿児島ではパッションフルーツのことを時計草と言うのだ。横断面が時計に見えるからだそうだ。原酒はアルコール分約四十%である。炭酸水と氷で割ると飲みやすかった。

話を研究に戻す。卵の安定同位体分析は、再来島前に終わらせていた。既報（図4・1）と同じ同位体比の基準で判別すると、外洋浮遊生物食者が十四個体、浅海底生動物食者が十七個体いた。前年同様、摂餌者間で卵径・卵重に摂餌者間で有意な違いはなかった（表4・3）。一腹卵数は、大型の浅海摂餌者の方が、小型の外洋摂餌者よりも多かった。前浜の同じ砂地に埋めて孵化させた幼体の甲長・甲幅・体重、巣からの脱出成功率、及び孵化期間に、摂餌者間で有意な違いはなかった。これらの結果は、卵黄・卵白から幼体の組織への発生過程が、摂餌者間で遺伝的に類似していることを示唆する。また摂餌者間で、砂浜の上での、砂地や植生等の産卵場所の選択に違いがなければ、同様の体サイズの幼体が巣から脱出してくることを示唆する。

母親の餌環境が子供のサイズに及ぼす影響は種毎に異なっている。三つ様式があり、①餌環境が良ければ、個々の子供のサイズを大きくする、②餌環境が悪ければ、子供の数を犠牲にして個々の子供のサイズを大きくする、そして③餌環境の良し悪しに関係なく一定サイズの子供を産む、というものである。アカウミガメは③になるが、このことは前年に卵のサイズや栄養成分含量に、浅海と外洋の摂餌者間で違いが見られなかったことから示唆されていた。ではなぜアカウミガメの幼体サイズは母親の餌環境に影響を受けないのだろうか。最適卵サイズ理論（Smith and Fretwell, 1974：後藤・井口、二〇〇一）が予測するように、母親の餌場に関係なく子供が同様の環境で成育するからなのかもしれない。今のところ、日本で生まれたアカウミガメは全て、黒潮により外洋の中央北太平洋へ流され、そこで成育すると考えられている（Bowen *et al.*, 1995）。しかし孵化幼体に装着できるほどの衛星用電波発信器の小型化が進んでいないので、まだ誰もこれを検証した人はいない。屋久島から外洋の太平洋へ出ずに、いきなり浅海の東シナ海へ向かい、そこで成育する個体がいてもおかしく

表4・3　屋久島で産卵したアカウミガメの，外洋と浅海の摂餌者間での体サイズ，卵，及び幼体の特性の比較（Hatase *et al.*, 2015より改変）．産卵雌と卵に関しては，Hatase *et al.*（2014）のデータも加えて解析している．餌場の判別は，卵黄の$\delta^{13}C$・$\delta^{15}N$による．P値はt検定で計算された

生活史特性	外洋摂餌者			浅海摂餌者			P
	平均 ± 標準偏差	範囲	個体数	平均 ± 標準偏差	範囲	個体数	
産卵雌							
標準直甲長（mm）	785 ± 41	727-908	23	857 ± 56	754-942	28	<0.0001
直甲幅（mm）	617 ± 28	584-691	23	672 ± 36	607-732	28	<0.0001
卵							
一腹卵数	100.4 ± 12.7	83-121	14	123.6 ± 16.4	93-149	17	<0.0005
移植巣への埋設卵数	98.9 ± 13.3	79-120	14	121.2 ± 16.3	91-148	17	<0.0005
一腹卵塊内の5卵の直径の変動係数（%）	1.6 ± 0.5	0.8-3.0	23	1.7 ± 0.8	0.3-3.3	28	0.46
一腹卵塊内の5卵の質量の変動係数（%）	2.6 ± 1.1	1.3-6.3	23	2.7 ± 1.4	1.1-6.6	28	0.80
卵径（mm）[a]	37.6 ± 1.3	34.9-39.8	23	38.2 ± 1.7	35.2-41.1	28	0.15
卵重（g）[a]	29.5 ± 2.9	22.8-34.7	23	30.7 ± 4.2	22.9-37.4	28	0.24
孵化幼体							
孵化期間（日）	69.8 ± 1.9	66-74	11	69.9 ± 2.6	66-75	17	0.89
巣当たりの幼体標本数	8.2 ± 2.8	2-11	12	9.1 ± 1.6	6-11	17	
一腹卵塊内の標準直甲長の変動係数（%）	2.2 ± 1.5	0.4-6.0	12	2.1 ± 0.6	1.2-3.2	17	
一腹卵塊内の標準直甲幅の変動係数（%）	2.8 ± 1.4	0.4-6.1	12	2.8 ± 0.8	1.7-4.3	17	
一腹卵塊内の体重の変動係数（%）	5.2 ± 3.1	2.0-13.7	12	4.8 ± 1.9	2.5-11.0	17	
標準直甲長（mm）[a]	40.46 ± 1.44	38.14-42.50	12	40.39 ± 1.69	37.29-43.74	17	0.91
標準直甲幅（mm）[a]	32.43 ± 1.15	31.10-34.98	12	32.84 ± 1.36	29.96-34.64	17	0.40
体重（g）[a]	15.3 ± 1.6	13.3-18.7	12	15.6 ± 2.1	11.7-19.1	17	0.74
巣からの脱出成功率（%）	40.7 ± 25.1	0-85.1	13	44.6 ± 15.0	19.5-68.9	17	0.50

[a] 計算には一腹卵塊内の平均値を用いている

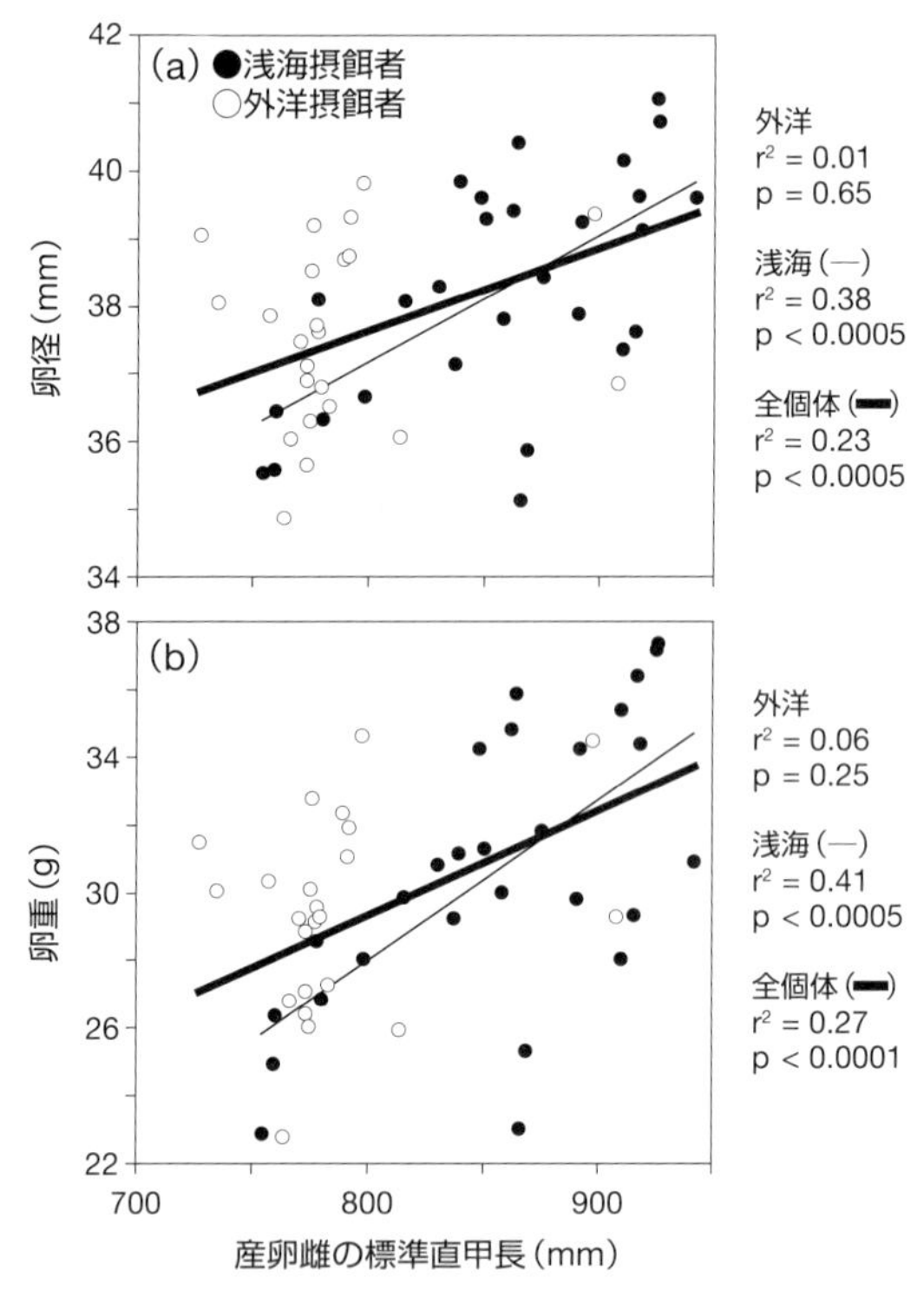

図4・10　アカウミガメ産卵雌の体サイズと（a）卵径もしくは（b）卵重の関係．外洋と浅海の餌場の判別は，卵黄の$\delta^{13}C$・$\delta^{15}N$による．浅海摂餌者には有意な相関が見られたが，外洋摂餌者には見られなかった．両摂餌者をまとめても，有意な相関が見られた

はない。今後の技術の進歩に期待しよう。

前年に浅海摂餌者のみに見られた、母親の甲長と卵重との正の相関は、標本数を増やしても成り立っていた。浅海摂餌者においては、母親の甲長と卵径にも正の相関が出たが、外洋摂餌者においては、卵径・卵重とも母親の甲長と相関しなかった（図4・10）。また両摂餌者において、卵重と孵化幼体の甲長・甲幅・体重に正の相関があった（図4・11）。このことは、大きい浅海摂餌者は大きい幼体を生んでいることを示唆した。

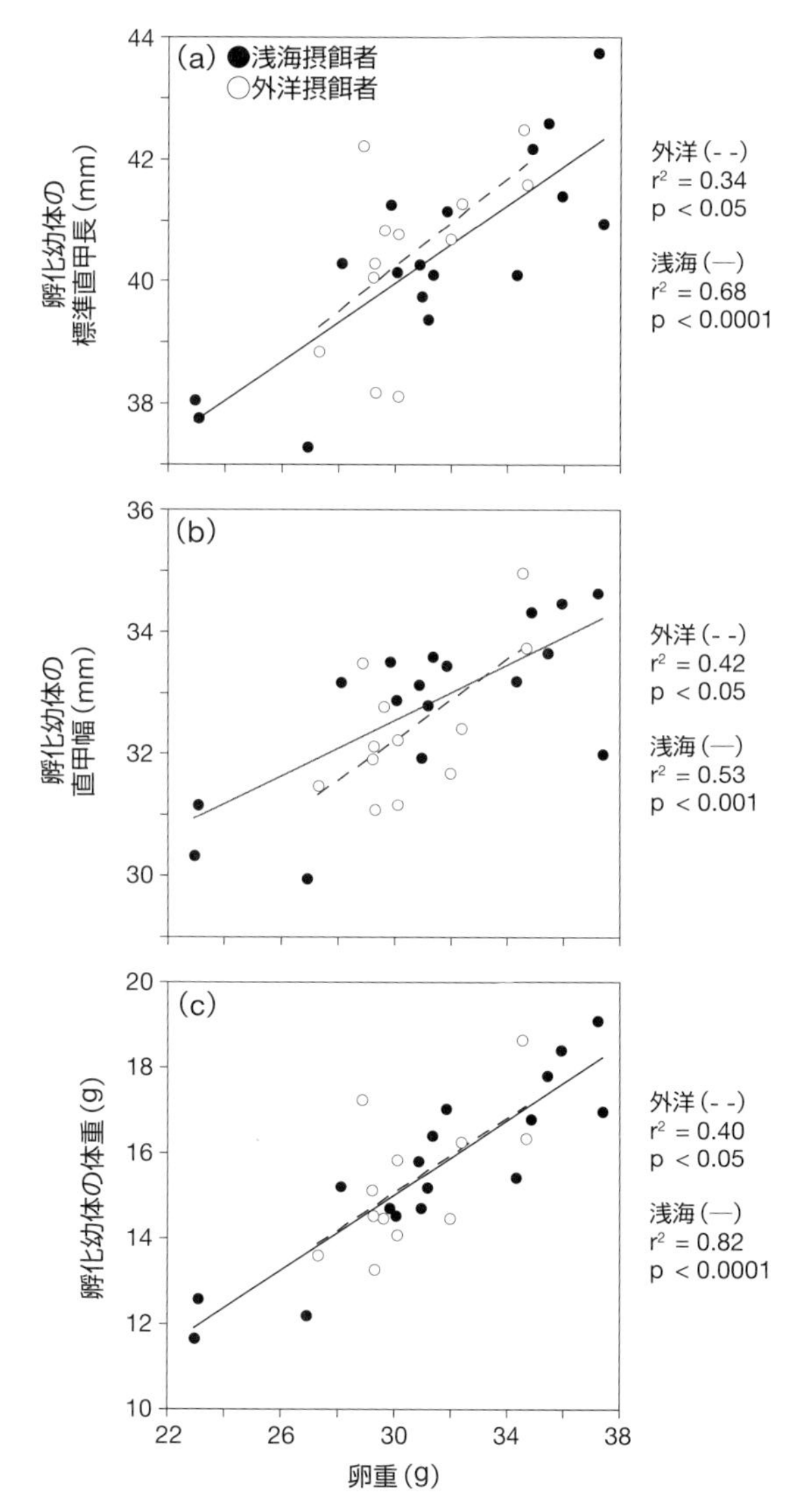

図4・11　アカウミガメの卵重と孵化幼体の(a)標準直甲長，(b)直甲幅，もしくは(c)体重の関係．外洋と浅海の餌場の判別は，卵黄の$\delta^{13}C$・$\delta^{15}N$による．外洋と浅海の摂餌者両方において，有意な相関が見られた

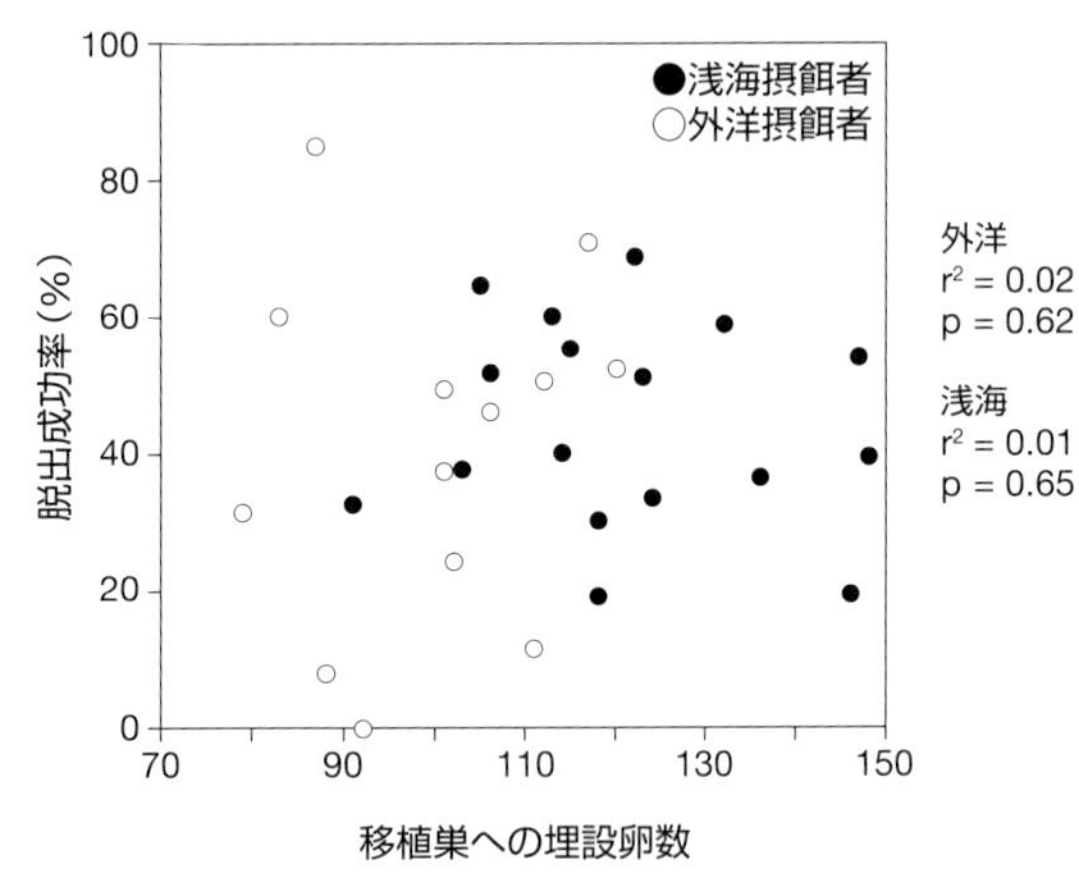

図4・12　アカウミガメの移植巣への埋設卵数と孵化幼体の巣からの脱出成功率の関係．外洋と浅海の餌場の判別は，卵黄の$\delta^{13}C$・$\delta^{15}N$による．移植の際の破損や安定同位体分析用の1卵採取のため，埋設卵数は一腹卵数よりも少ない．外洋と浅海の摂餌者両方において，有意な相関は見られなかった

実際、浅海摂餌者のみで母親と幼体の甲長に正の相関が見られた。日本同様、アカウミガメ産卵個体が体サイズにより餌場を異にしているカーボベルデにおいても、大きな雌が大きな幼体を生んでいる（Vieira *et al.*, 2014）。Parker and Begon（1986）によると、一腹卵数と子供の生残に負の相関がある時、子供のサイズは母親の体サイズと共に大きくなると考えられている。浅海摂餌者は外洋摂餌者よりも一腹卵数が多いので、代謝のために巣内の酸素濃度がより低くなり、卵数と幼体の生残に負の相関を生じているのではと予想された。しかし両摂餌者において、卵数と巣からの脱出成功率には負の相関が見られなかった（図4・12）。故にParker and Begon（1986）の理論ではこの現象を説明できないのかもしれない。あるいは、既に大きい雌が卵数を犠牲にして個々の卵を大きくした結果、有意な相関が見られなくなったということかもしれない。今後、一腹卵数と子供の生残に正の相関がある時、子供のサイズは母親の体サイズと共に大きくなると予測する理論（McGinley, 1989）も検証する必

要がある。あるいはこの現象は、アカウミガメは最適子供サイズ理論から予測される資源配分様式、すなわち子供のサイズや数等の特性間のトレードオフに束縛されていないということを示しているのかもしれない。餌環境が良ければ、大きい卵をたくさん産めるということなのだろうか。

孵化温度環境が、変温動物であるウミガメの胚発生、幼体の形態、及び幼体の活動性等に大きな影響を及ぼすことはよく知られている（Ackerman, 1997; Matsuzawa *et al.*, 2002; Weber *et al.*, 2012; Booth *et al.*, 2013）。アカウミガメの浅海と外洋の摂餌者間で、産卵日と孵化期間の関係、孵化期間と幼体の甲長・甲幅・体重の関係、及び脱出成功率に違いがなかったことは、両摂餌者の温度に対する反応が類似していることを示唆する。これは両摂餌者の遺伝的均一性を支持する結果である。今回は産卵期初期の涼しい時期に孵化させた卵塊のみを対象としたが、今後は暑い時期にも孵化させて、同様の温度反応が見られるのかを検証する必要がある。また母親が選ぶ孵化環境に、摂餌者間で違いがないのかも詳細に調べる必要があるだろう。

しばらく運動から遠ざかっていたが、この年辺りから週末、近所を走って体を鍛えるようになった。京都にいた頃は賀茂川べりが気に入っていたのでよく走っていたが、東京に来てからは走って楽しいコースが近所に見当たらなかったので、あまり乗り気ではなかった。今後のウミガメ調査へのＧＰＳ受信器の応用を見据えて、試しに腕時計型のＧＰＳ受信器を買ってからだろうか、俄然走る気になった。この機器を用いれば、正確に走行距離、経過時間、消費カロリー、一キロ毎のラップタイム等が計測できる。信号待ちで動かなければ、ちゃんと計測が一時停止する。走行後、データをメーカーのホームページにアップロードすれば、走行軌跡が地図上に正確に表示されて面白いのだ。ウミガメに実施していた衛星追跡を、自ら体現していることになる。運動すると、やけに肉や魚等の動物性タンパク質を摂取したくなる。動物性タンパク質でないと疲労が回復しないような気になるのだ。グリルで焼けたタンパク質の匂いを嗅ぐと、自らの獣性が呼び覚まされるような気になる。おかげで体重が増えてきた。脂肪ではなく、筋肉の増加であることを願う。

コラム　国際学会（其之五）：トルコでサバサンドを齧る

二〇一五年四月中旬に、トルコのダラマンで開催された第三十五回国際ウミガメ生物学・保全シンポジウムで、口頭及びポスター発表を行った。科研費があるとはいえ、海外出張できるほどの余裕がないので、しばらく海外で開催される学会への参加を控えていた。しかしワークショップでの招待講演を依頼されたので、意を決して行くことにした。塩野七生の著作『コンスタンティノープルの陥落』や『ローマ人の物語』等を読んでいたので、久々に地中海の陽光や潮風を浴びてみたい気もしていた。ワークショップは、ウミガメ研究への安定同位体分析の応用に関してであった。二〇一四年の屋久島調査の結果を既に投稿論文にしていたので、ついでにそれをポスター発表することにした。今回のポスターはキャンバス生地に印刷していたので、折り曲げても皺にならず、鞄に入れて持参できた。かさ張るポスター用の円筒は必要なかった。

過去に海外航空券を購入する際には、旅行会社に直接赴いたり電話したりしたものだが、今回は全て自らのパソコン上で手配できた。便利な時代になったものだ。成田からイスタンブール経由のダラマン行きに乗った。久々の出国で気分が高揚した。出退勤の打刻生活から解放される喜び。成田を二十三時ぐらいに発ち、イスタンブールに五時ぐらいに着いた。ダラマン便はその日の夕方発だったので、それまでイスタンブール市内を彷徨いた。空港から地下鉄と路面電車を乗り継いで、観光名所であるブルーモスクやアヤソフィアが集中している旧市街のスルタンアフメット

図4・13　イスタンブールのブルーモスク

地区へ出かけた。朝早かったが、観光名所だけあって綺麗に掃き清められていた。ブルーモスク内部にはまだ入れなかったので外観を見て回った（図4・13）。隣のアヤソフィアへ向かっていると、流暢に日本語を話すことで有名なペルシャ絨毯商人に声を掛けられた。普通に世間話をしている分には害はなかった。貰った名刺には通称ヒロシと書かれていて笑った。「ちょっと事務所へ寄っていかないか」と言われたところで、危険を感じて別れた。しかし彼らの外国語学習に対する熱心さには見習うべきものがある。

アヤソフィア入口には、開館前から長蛇の列ができていた。自由に寺院内部の写真を撮ることができた。金色の梵字のようなものが書かれた直径十メートルはある巨大な黒い円盤が屋内にいくつも掲げられており、壮観であった（図4・14）。イエスやマリアのモザイク画もあり、イスラム教とキリスト教の習合状態が何とも不可思議であった。アヤソフィアを出て金角湾まで歩いた。四月のイスタンブールは快晴であった。日向は暑いが、湿気が少ないので物陰に入ると肌寒かった。ボスポラス海峡クルーズ船に乗った。近代的な建物に混じって、円蓋と尖塔が特徴的なモスクが散見された。船内でチャイを喫しながら、まったりとしたひとときを楽しんだ。下船

図4・14　アヤソフィア内部

後、派手なデコ屋台船で売っていたサバサンドを齧りながら、ガラタ橋を渡り新市街へ。ガラタ橋では釣り師がたくさん釣り糸を垂れていて、写真への写り込みが気になった。ここらでダラマン行き飛行機の出発時刻が迫っていることに気付き、焦り始めた。空港行きバス乗り場が見つからず、再び地下鉄と路面電車で空港へ戻ることにした。路面電車の乗り場が分からず、大学前で学生に聞いたら親切に先導してくれた。ジェトンという電車用の代用通貨を持ち合わせていなかったが、焦燥に駆られた私の顔を見てこの若者が払ってくれた。そこまでしてもらうのは気が引けたが、かつてトルコで地震があった時に義援金を送ったことがあるので、その分が還ってきたということにしておこう。トルコの若者よ、有り難う。何とか無事に空港へ辿り着き、ダラマン便に間に合った。

トルコ南西部の町ダラマンは、ロードス島の対岸辺りに位置する。ダラマン着陸時に子供達が拍手で無事を祝っていた。この光景、どこかで見たような……。空港からはチャーターバスでシンポジウム会場へ向かった。会場となるリゾートホテルは、なぜここにというような相当鄙びた場所にあった。しかし超一流リゾートだけあって、飲食物代が全て宿泊費に含まれているという凄い所だった（図４・15）。三食ともレス

図4・15 第35回ウミガメシンポ会場．トルコのダラマン．飲食物代が宿泊費に含まれており，リゾート内ではどれだけ飲み食いしてもお金を払う必要がなかった

トランでバイキング形式だったが、美味しそうな料理が常に補充されていた。アルコールも別料金ではなかった。屋外のプールではローラーブレードを履いたウエイトレスが注文を取っていた。これが本物のリゾートなのか、という感じであった。ちなみに主催団体の旅費助成に当たっていたので、滞在費は有り難いことにタダだった。その分、シンポの運営をボランティアで手伝えということだったが、仕事はほとんどなかった。米国の淡水ガメ研究者と相部屋だったが、部屋の中に階段があり、各々が上下の一部屋ずつを使えた。もちろん冷蔵庫の中身も飲み放題だった。ホテルのバーで飲んだラクという、水で割ると白く濁るトルコの地酒が印象に残った。タダでこんないい思いをしていいのかな、と恐縮してしまった。

シンポ開催中にサイレントオークションがあった。この売り上げはシンポの運営費に充てられる。ここから旅費助成が出ているので、助成を受けた人は出品必須だった。私は研究所の机の中で眠っていた、那智黒のウミガメ文鎮と食玩のカメフィギュアを出品した。購入希望者が物品の前の紙に落札価格を記入していき、最も高い額を記入した人が落札するという仕組みだ。私の出品物に対する落札希望者が、オークションョン会場を訪れる度に増えているのを見るのは楽しかった。

図4・16　衛星用電波発信器を装着されたウミガメの放流風景．箱の中に収容されている

私もガラス細工のウミガメとエクアドル産の板チョコレートを落札して、売り上げに貢献した。

　シンポ最終日には、近隣にあるウミガメ保護施設への見学会があった。前日飲んだラクの酔いが醒めぬまま、バスで三十分ほど揺られて移動した。施設での療養を終えたアカウミガメとアオウミガメが、背甲に衛星用電波発信器を付けられて地先海岸から放流される予定だった。発信器の接着剤が乾くまで、手持ち無沙汰な各国の若者達が、スピーカーから流れる大音量の音楽を背景に、サッカーに興じていた。国際交流である。快晴だったが、少し肌寒かった（図４・16）。

　シンポ後、イスタンブールへ戻った。スルタンアフメット地区に宿を取り、お土産を買い漁った。バザールは迷いそうになるぐらい規模が大きかった。トルコではナザールボンジュウという魔除けの目玉模様がどの建物の壁にも付いているのだが、それ関連のお土産が至る所で売られていた。バザールで物色していると、偶然日本からシンポに来ていた学生達に出会した。今回ほぼタダで来ていたので、昼飯でも奢ってやろうと寛大な気分になっていた。バザール従業員用の安い食堂を目指したが場所が分からず、結局表通りに面した店に入った。ケバブ等を頼んだが、繁華な場所だけあって財布から高額紙幣が消えた。やれやれ、格好付け過ぎたな。若者達と別れ、シンポ前に見ることができなかったブルーモスク内部を見るために、長蛇の列に加わった。ステンドグラス等で美しく彩られていた。そのうち日が傾いできた。どのレストランも高そうだったので晩飯をどこで食べるか迷った挙げ句、屋台の濡れバーガーで済ました。濡れバーガーとはその名の通り、肉まんのように蒸したハンバーガーである。ホテルの部屋でビールでも飲めば満腹かなと思い、食料品店を巡った。しかしイスラム教の国だけあってどこにも酒が置いていなかった。やむなく清涼飲料を買った。街角の拡声器から放送が流れると、皆敷物の上で実直にお祈りを捧げていた。イスタンブールは、こちらから仕掛けないと旅が始まらないヨーロッパと、向こうから旅がやってくるアジアの境なので、街中でどれくらい声を掛けられるのか期待と不安があった。しかしペルシャ絨毯商人以外に声を掛けられることはなく、皆私を放っておいてくれた。

過去二回、海外に出る度に顔面打撲や痔等の不慮の事故に遭っていたので、今回も何か起こるんじゃないかと構えていた。しかし今回は無病息災に終わった。少し拍子抜けした。購入後初めて使ったスーツケースの車輪が、成田到着時に壊れていたぐらいか。修理は加入していた保険で頼めた。旅慣れたのか、運が良かったのか、今後を見てみないと分からない。

この稿を書いている間に、私が訪れたイスタンブールのスルタンアフメット地区や新市街で、自爆テロがあったという報道を目にした。巻き込まれなかったのは、運が良かったということだろう。自爆テロ、追い込まれた人間が採る最後の手段である。パリやブリュッセルでもあったようだ。犠牲者の御冥福をお祈りいたします。

コラム　國際學會（其之六）：台湾で砂糖きびの汁を吸う

二〇一五年は珍しく海外出張が続いた。四月にトルコへ行く前に、国立台湾海洋大学の程一駿（Cheng, I-Jiunn）

図4・17　国立台湾海洋大学の程一駿(Cheng, I-Jiunn)教授．小琉球島のビジターセンターで解説中

教授から、六月中旬に高雄で開催されるシンポジウムでの招待講演を依頼された。程教授は台湾におけるウミガメ研究の第一人者である（図4・17）。六月下旬に屋久島行きを予定していたのでどうしようか迷ったが、滅多にないことなので行くことにした。英語での四十分の講演だった。今までこれだけ長く英語で発表した経験がなかったので、二週間ぐらい前から毎日、セミナー室でパワーポイントファイルを映写して発表練習を繰り返した。発表ファイルは、二〇一三年春に日本水産学会水産学奨励賞を受賞した際の記念講演が丁度四十分だったので、その時用いたものを英語へ変換して作った。芝居と同じで、英語を声に出して練習すれば、セリフを覚えることができた。最終的に台本なしで発表できるようになった。

旅費や滞在費を全て向こうが出してくれるということだったが、あまり高い飛行機を使うのは気が引けた。ＬＣＣ便が成田‐高雄間を就航していたので、試しに乗ってみることにした。成田空港にはＬＣＣ専用の第三ターミナルが最近できた。ＬＣＣなので当然ながら航空券はネット予約である。往復航空運賃は屋久島へ行くより安かった。機内食は別料金だ。食べてみたが普通に美味しかった。だが前席後部から引き倒すテーブルが小さく、食べ辛かった。四時間ぐらいで高雄に到着した。現地時間は日本時間からマイナス一時間である。両替してロビーに出ると、程研究室の学生達が車で迎えに来てくれていた。シンポ会場まで高速道路を走った。日本とは異なり、車は右側通行だった。車窓から見た台湾第二の都市である高雄は、高層ビルが林立する都会だった。京都時代に南部への往復でよく通過した、大阪市内を走っているような錯覚に陥った。会場のホテルは、大学の観光学部の学生がインターンで働く研修施設だった。夕食後腹ごなしに、程さん夫妻達とホテルの側にある湖周辺を、一時間ほど散歩した。若い頃に米国留学されていたそうで、流暢に英語を話されていた。六月の高雄は日が沈んでも暑く、ホテルに付いたら衣服が汗を吸って重かった。

翌朝からシンポが始まった。私を含めて十名の講演者が、海外から招待されていた。家族連れで旅行を兼ねて来ている人もいた。シンポを終えて夕食後、高雄の夜市見学へタクシーで行った。台湾では、タクシー運転手が制服ではなく、普段着で仕事をしていた。白タク営業していても区別がつかないような……。夜市では屋台が建ち並び、縁日のように活気があった。砂糖きびジュースを飲みながら彷徨った。案内してくれた学生が、「スマホ用自撮り棒が売れ線ですよ」と言うので、試しに買ってみた。自撮り棒とは、スマホを取り付けて棒を伸ばし、遠くから自分を撮影するための折り畳み式装置である。ホテルの部屋で自撮り棒を試してみた。残念ながらiPhone専用だったので、私のスマホでは機能しなかった。帰国後、iPhoneユーザーに台湾土産としてあげることにした。ちなみに自撮り用のインカメラの性能はiPhoneの方が優れているようで、私のスマホで自撮りしてもぼやけてしまう。

翌朝の自らの発表を無事終え、シンポは閉幕した。午後からウミガメ産卵地見学のために小琉球島へ向かった。高雄の港で小琉球島行きの船を待っている間に、魚市場で飲んだ大粒のタピオカ入りドリンクが美味だった。高雄から半時間ほど南下するとリゾートアイランド小琉球島に着いた。台湾で産卵するウミガメはアオウミガメのみである。台湾本島では産卵せず、離島である望安島、蘭嶼島、及び小琉球島が主な産卵場である。小琉球島沿岸はアオウミガメ若齢個体の成育場になっており、岸から肉眼でカメを観察できた。島内観光中に立ち寄った寺院は、電光掲示板や

図4・18　小琉球島の派手に装飾された寺院，三隆宮．現代の竜宮城だろうか？

図4・19　台湾滞在中，接待してくれた程研究室の学生達．皆いい表情しています

屋根の上に置かれたたくさんの彫像等で装飾されており、華美なところが日本の寺社とは異質だった（図4・18）。沖縄の首里城をもっと派手にしたような感じである。竜宮城を現代風に解釈すればこんな感じになるのかもしれない。どういう風習なのか詳しく聞かなかったが、模擬紙幣みたいなものの束を売店で買って、竈にひたすらくべるのが面白かった。お金に頓着するなという演技だろうか。我々招待者がトラックの幌着き荷台に隙間なく座って運ばれる一方、程さんの学生達が原付バイクを二人乗りして楽しげに走っているのが対照的だった（図4・19）。小琉球島のビジターセンター等も見学した。翌日、学生達に引率されて、スキンダイビングでアオウミガメ若齢個体を観察した。マスクの曇り止めに、歯磨き粉を用いているのが斬新だった。学生が引っ張るロープに付いた浮きに捕まってのウミガメ観察であった。カメは人が寄っても逃げず、水中を乱舞していた。水中撮影用の写真装置を今回は持参していなかったのが悔やまれた。

小琉球島で二日間、南国リゾートを堪能して、高雄港へ戻った。台北から出国する参加者が多かったし、程さん達は台北近くの国立台湾海洋大学がある基隆へ帰るので、ひとまず皆、高雄の新幹線駅へ移動した。ここから高雄空港まで地下鉄で行けたようだが、もう一人の参加者の出発時刻が迫っていたので、空港までタクシーで送ってもらった。無事帰国した。アジアの近隣諸国、またLCCで気軽にふらっと訪ねてみたいものである。翌週に屋久島調査を控えていたので、余韻に浸っている時間はあまりなかった。

初期成長と生残

二〇一三及び二〇一四年の調査から、アカウミガメの浅海と外洋の摂餌者間で、卵や幼体のサイズに違いがないことが分かった。二〇一五年は、母親の餌場が違えば、巣から脱出してきた幼体の初期成長や生残にどのような影響があるのかを検証するために、野外調査及び飼育実験を行った。前年よりも暑い時期に孵化した幼体の体サイズにも、摂餌者間で違いが見られないのかを検証するために、この年は六月下旬から二週間、かめハウスに滞在した。私が行くまでに前浜の孵化場に卵塊の移植場所がなくなっていると困るので、日高さんに場所の確保をお願いしておいた。ウミガメは孵化時の温度で性が決まる（Ackerman, 1997）。一般に約二十九℃を境に、それより低ければ雄ばかりに、それより高ければ雌ばかりになる。孵化温度と孵化期間の間の回帰式（Matsuzawa *et al.*, 2002）に二〇一四年の孵化期間を当てはめると、孵化温度は二十六・一〜二十七・三℃と推定されるので、雄ばかりだったと思われる。二〇一五年は暑い時期に孵化させることで雌を狙った。雌雄によって、母親の餌場が子供の特性に及ぼす影響が異なるのかどうかも念頭に置いて、実験を行った。

うみがめ館スタッフの小出祥太郎さんと内田麻衣子さん、及び有償ボランティアの加藤璃稀さんと松岡美範さん達に御協力いただき、標準直甲長八百十ミリ未満かつ直甲幅六百三十ミリ未満の小型個体十頭と、甲長八百十ミリ以上かつ甲幅六百三十ミリ以上の大型個体十頭が産み出した卵塊を、前浜にある孵化場へ移植した。移植前に一腹卵数を数え、無作為に五個取り出して卵重を測定した。一卵は安定同位体分析用に採取して冷凍保存した。一旦帰京し、卵黄の安定同位体分析を済ませた。産卵日と孵化期間の関係に基づいて八月上旬に再来島し、移植巣にかごを被せて脱出幼体を捕らえた。三週間のかめハウス滞在予定であったが、この年は長雨で孵化期間が延びたため、九月初めまでいた。

脱出してきた孵化幼体を狙ってカラスが浜に屯していた。朝、前浜を訪れると、かごの隙間から幼体が伸ばした前肢をカラスが突いて酷い怪我になっていた。かごの目合を考える必要がある。大牟田さんと小出さんが捕獲したカラスの死体を孵化場の周りに磔にしていたが、二〜三日ぐらいしかカラスの忌避効果がなかった。夜の孵化調査中には、孵化場から海へ降りてくる幼体を狙った野良猫の双眸が、電灯に反射して光っていた。猫の鳴き声を真似て威嚇しても逃げなかった。ふてぶてしい輩である。余程腹を空かせているのだろうか。あるいは子ガメが好物なのか。今度会ったら犬の鳴き声で脅かしてみよう。

かめハウス滞在中の出来事をいくつか記す。かめハウスは最近、国際色豊かである。二〇一五年は、台湾人女性が二名、ボランティアに来ていた。一人は日本語が喋れなかったので英語で意思疎通していた。もう一人はしばらく日本で働いていたそうで、日本語が堪能だった。ここで外国人に出会うと、普段から語学の鍛錬を怠ってはいけないという気になる。

また普段は実家住まいなので料理をしない若者達の炊飯の仕方が気になった。米を研いだ後、水を吸わせずにいきなり炊飯スイッチを押したり、炊き上がり後の蒸らしを待たずに蓋を開けたりしていた。不味い飯を食べていい仕事はできないので、炊事は重要である。一人暮らしならまだしも集団全体の士気に関わる。かめハウスは正しい炊事を教えるための場でもあるのかもしれない。

若者達は人の過去を根掘り葉掘りと聞きたがる。最近はまともに答えるのが面倒なので、「年齢不詳、住所不定、職業不定」や、「永遠の二十歳」で通している。若者は後ろを見ずに未来を語りなさい。「将来は環境大臣になって、自然保護でも食っていける世の中に改めます！」などと大法螺吹いてほしいものである。

帰京前日に、かめハウスとうみがめ館の間の通路で慰労会があった。鹿肉の炭火焼きを御馳走になった（図4・20）。ハウス滞在中は全く酒を飲んでいなかったので、約一ヶ月ぶりにアルコールを口にした。しかしそれほど美味いとは思わなかった。健全な生活をしていると、酒を欲しなくなるのかもしれない。在京中はやけ

図4・20　ヤクシカ肉のバーベキュー．屋久島うみがめ館の大牟田一美代表（左）と小出祥太郎さん（右）

気味に酒を呷ることが多いので、肝臓には優しい屋久島滞在であった。

この年は屋久島調査後、特に観光や帰省をすることもなく、あっさり帰京した。残念ながら別の仕事が入ったのである。九月に入った途端、飛行機代が安くなり、搭乗数日前でも航空券をネットで安く購入できた。フェリー内でのウミガメ飼育の恩恵で、うみがめ館ボランティアはフェリーが半額になる特典があったのだが、鹿児島に着いた後の格安航空便への接続を考えて、高速船を使った。宮之浦から鹿児島港までフェリーで四時間、高速船で二時間かかる。鹿児島港から空港まではバスで一時間だ。

二〇一一年から五年連続、二〇一三年を除いて一年に二度屋久島を訪れているので、東京と屋久島の間を九往復したことになる。それだけ飛行機に乗ると、中継地である鹿児島空港内にあるレストランをほぼ網羅できる。黒豚が鹿児島名物のようで、どこのメニューにも存在する。紅芋を使った地ビール等も美味である。

図4・21　捕獲したアカウミガメ孵化幼体．背番号を書いて個体識別している

調査帰りの一杯は格別だ。頻繁に屋久島を訪れている割には、屋久島のシンボルである縄文杉にはまだ詣でたことがない。一日がかりの登山になるし、夏休み等の観光シーズンには人の渋滞ができるそうなので、カメ調査を終えた後、あまり行こうという気にならないのだ。

話を研究に戻す。既報（図4・1）と同じ卵黄の安定同位体比の基準で判別すると、外洋浮遊生物食者が九個体、浅海底生動物食者が十一個体いた。外洋摂餌者由来の一巣と浅海摂餌者由来の一巣は孵化せず、幼体を捕獲できなかった。摂餌者間で卵重、孵化期間、幼体の初期体サイズ、及び巣からの脱出成功率に有意な違いはなかった。幼体の脱出があった十八巣から一巣につき一個体の幼体を捕獲した。幼体の背甲に塗料で番号を書いて個体識別した（図4・21）。子供の頃、淡水ガメに電話番号と自分の名前を書いて池に放流したのを思い出した。全ての巣を同じ日に移植した訳ではないので、脱出幼体が出揃うまでに十一日間かかった。その間バケツで飼育していた。淡水ガメ用ペレットや、冷凍食品のイカ、エビ、アサリ等を与えたが、イカへの反応が一番大きかった。愛知県の南知多ビーチランドへ宅配荷物として郵送した。この水族館には、屋久島うみがめ館が毎年人工孵化させた幼体の一年飼育を依頼している。伊藤幸太郎さんに同一環境での飼育をお願いしていた。しかし予想以上に体調不良になる個体が続出したため、飼育条件を統一できなかった。うみがめ館で与えた冷凍イカに嗜好性が付きすぎて、ビーチランドで与えたペレットへの食いつきが悪かったそうだ。十二月中旬まで生き残ったのは六個体だった。その内訳は、外洋摂餌者由来三個体、浅海摂餌者由来三個体だったので、どちらか一方の摂餌者由来の幼体が死にやすいということはなかった。十二月中旬までの成長を摂餌者間で比較しても有意な違いはなかった。これらの結果は、摂餌者間で、子供が地上に出現してから最初の繁殖に至るまでの間の生残率に違いがないことを示唆し、アカウミガメ成熟個体の回遊多型が後天的なものであることを支持した。しかしこの年の結果はあくまで参考記録である。今後、同一環境での飼育を成功させて厳密に検証する必要がある。

子供が地上に出現してから最初の繁殖に至るまでの間の生残率に関わる特性には、初期体サイズ、成長速度、成熟年齢以外にもいくつか調べなければならないものがある。子供の活動性や、子供の形態や活動性等に影響を及ぼす母親の産卵場所選択等である。ことごとくどの特性においても摂餌者間で違いが見られないのであれば、両型は遺伝的に同質で、アカウミガメ成熟個体が示す回遊多型は後天的なものである、と強く言い切れる。賢明な読者はお気付きであろうが、安定同位体比を測って餌場を判別し、摂餌者間で様々な特性を比較すれば、現在論文になる状況である。どこかの大学が高額で雇ってくれるなら教授いたします。

あとがき

地球が経てきた四十六億年の悠久の時に比べれば、人の一生など儚いものである。その刹那に、後世に何を残すべきか。それを考える齢になってきた。

後ろを振り返れば誰にでも、楽しかったこともあれば、忘れ去りたいこともある。自分しか読まない日記であれば、ありのままに出来事を書き連ねればいい。だが読み物として世の中に流布する以上、読者を不快にするような表現は避け、買って良かったと思わせる娯楽物語へと昇華させる必要がある。自分にそれができるのか。東海大学出版部の稲　英史さんから、初の単著書籍となる本書の執筆を打診された時、少し躊躇いがあった。

近所にあった職場が他所へ移転してから電車での通勤生活を続けている。一日二時間は車内で座って本が読めるので、相当な数の本を読んできた。主に歴史小説や紀行文である。その経験が、広い読者層を対象とした本書の執筆に、少しは活かされたかもしれない。入力を出力に切り替える良い機会である。読書中、あることに気付いた。名作と言われるものほど擬音語がほとんど使われておらず、文字面を追っているだけで鮮明に情景が浮かぶのである。執筆当初は漫画並みに、「アタタタタッ」「ドカッ、バキッ」「かめ○め波ー!」「ひでぶっ」等の擬音語を多用していたが、文体を引き締めるために極力それらを排することにした。

出版部から渡された執筆要綱には十三万字作文しろと書いてあり、最初とてつもなく高い山に見えた。家ではあまり仕事をしない主義だったが、原稿の締め切りとカメシーズンが迫ってきたこともあり、やむなく家にパソコンを持ち込んだ。昼も夜も、平日も休日も関係なく、思い浮かんだことをワープロで書き留めた。書き始めると存外、筆が走った。パソコンのハードディスクに眠らせておくには勿体ない写真がいくつかあったので、コラムでは国際学会での旅行記を中心に綴った。堅苦しい研究話を小休止させる間奏となったかもしれない。かつて訪れた土地を地図帳やネットで確認するのは、色々と思い出が蘇る楽しい作業だった。旅は非日常の連続である。三日前に家で晩飯に何を食べたか等はすぐに忘れるが、十数年前の旅先での出来事なら、朧気ながら頭の片隅に残っているものだ。また近所のレンタルビデオ屋で映画のＤＶＤを借りて観ることで、失われていた旅の記憶を補完し、執筆の糧とした。

この『フィールドの生物学』シリーズの刊行趣旨は、「将来の野外生態学を担う若者に刺激を与えるような楽しい本を提供する」であるが、筆者のように大学院博士後期課程を終えて十数年過ぎても定職に就けない日本の科学界の現状を知って、果たして大型野生動物の生態学を志す人間がどれだけ出てくるのか甚だ疑問である。普通の生活を送っていれば味わえないようなことはたくさん経験してきたが。いつの世にも世間体や損得勘定に囚われない若者はいるのだろう。そのような若者が、力強く大型野生動物の生態学を切り開いてくれることを期待している。またウミガメの研究こそ我が天職であると確信（勘違い？）した若者が、私を踏み台にして新たなウミガメの世界観を創造してくれることを楽しみにしている。本書を上梓することで、次代を担う若者を鼓舞するという、この世で私が果たすべき役割の一端を全うできたかもしれない。

ウミガメの研究を行うにあたり、数多くの方々に御世話になってきた。大学院時代の坂本　亘先生、ポスドク時代の塚本勝巳先生、小松輝久先生、南部時代の後藤　清さん、小笠原時代の山口真名美さん、通算滞在日数が最も長くなった屋久島の大牟田一美さん、共同研究者、調査を手伝っていただいた多くの方々、そして現場で共に砂にまみれた方々。この場を借りて厚く御礼申し上げる。

本研究は、日本学術振興会特別研究員奨励費（DC1及びPD）、科学研究費補助金若手研究（B）25870141、東京大学二十一世紀COEプログラム「生物多様性・生態系再生」研究拠点（若手連携研究）、笹川科学研究助成、住友財団基礎科学研究助成、及び日本財団助成「新世紀を拓く深海科学リーダーシッププログラム」からの研究費で行われた。また国際学会での発表には、日本科学協会海外発表促進助成、国際ウミガメ協会旅費助成、及び東京大学大気海洋研究所内田海洋学術基金海外派遣助成に御支援いただいた。

畑瀬英男

二〇一六年五月

渡邊国広（2006）日本産アカウミガメの遺伝子流動と回遊生態に関する研究. 東京大学博士論文, 東京.

Watanabe, K. K., H. Hatase, M. Kinoshita, K. Omuta, T. Bando, N. Kamezaki, K. Sato, Y. Matsuzawa, K. Goto, Y. Nakashima, H. Takeshita, J. Aoyama, and K. Tsukamoto (2011) Population structure of the loggerhead turtle *Caretta caretta*, a large marine carnivore that exhibits alternative foraging behaviors. Marine Ecology Progress Series 424: 273–283.

Weber, S. B., A. C. Broderick, T. G. G. Groothuis, J. Ellick, B. J. Godley, and J. D. Blount (2012) Fine-scale thermal adaptation in a green turtle nesting population. Proceedings of the Royal Society B 279: 1077–1084.

White, G. C., and K. P. Burnham (1999) Program MARK: Survival estimation from populations of marked animals. Bird Study 46(Supplement):120–138.

屋久島うみがめ館（2011）1985～2009年屋久島におけるウミガメ生態調査報告. 屋久島うみがめ館, 鹿児島 .

山口剛宏・加藤　弘・亀崎直樹（1993）渥美半島と静岡県西部に打ち上がったアカウミガメの死体の解剖結果―主として胃内容物について. うみがめニュースレター 15: 8.

山内　清・竹下　完・出口智久・韓　志朗・芳賀聖一・大橋登美男（1984）アカウミガメ（*Caretta caretta*）の卵の化学的成分について. 宮崎大学農学部研究報告 31: 155–159.

Zbinden, J. A., S. Bearhop, P. Bradshaw, B. Gill, D. Margaritoulis, J. Newton, and B. J. Godley (2011) Migratory dichotomy and associated phenotypic variation in marine turtles revealed by satellite tracking and stable isotope analysis. Marine Ecology Progress Series 421: 291–302.

の産卵状況. *In* 亀崎直樹・藪田慎司・菅沼弘行（編），日本のウミガメの産卵地. pp. 94–111. 日本ウミガメ協議会，大阪.

立川浩之・佐々木　章（1990）小笠原諸島における成熟アオウミガメの標識放流調査. うみがめニュースレター 6: 11–15.

武田祐吉（編）（1937）風土記. 岩波書店，東京.

田中秀二・佐藤克文・松沢慶将・坂本　亘・内藤靖彦・黒柳賢治（1995）胃内温変化から見た産卵期アカウミガメの摂餌. 日本水産学会誌 61: 339–345.

Thomas, R. B., D. W. Beckman, K. Thompson, K. A. Buhlmann, J. W. Gibbons, and D. L. Moll (1997) Estimation of age for *Trachemys scripta* and *Deirochelys reticularia* by counting annual growth layers in claws. Copeia 1997: 842–845.

Tiwari, M., and K. A. Bjorndal (2000) Variation in morphology and reproduction in loggerheads, *Caretta caretta*, nesting in the United States, Brazil, and Greece. Herpetologica 56: 343–356.

塚本勝巳（2012）ウナギ　大回遊の謎. PHP 研究所，東京.

内田　至（1981）アカウミガメ—日本沿岸で産卵するウミガメの産卵生態. 採集と飼育 43: 472–476.

van Dam, R. P., and C. E. Diez (1997) Diving behavior of immature hawksbill turtles (*Eretmochelys imbricata*) in a Caribbean reef habitat. Coral Reefs 16: 133–138.

Vander Zanden, H. B., J. B. Pfaller, K. J. Reich, M. Pajuelo, A. B. Bolten, K. L. Williams, M. G. Frick, B. M. Shamblin, C. J. Nairn, and K. A. Bjorndal (2014) Foraging areas differentially affect reproductive output and interpretation of trends in abundance of loggerhead turtles. Marine Biology 161: 585–598.

Van Houtan, K. S., J. M. Halley, and W. Marks (2015) Terrestrial basking sea turtles are responding to spatio-temporal sea surface temperature patterns. Biology Letters 11: 20140744.

Varo-Cruz, N., L. A. Hawkes, D. Cejudo, P. López, M. S. Coyne, B. J. Godley, and L. F. López-Jurado (2013) Satellite tracking derived insights into migration and foraging strategies of male loggerhead turtles in the eastern Atlantic. Journal of Experimental Marine Biology and Ecology 443: 134–140.

Vieira, S., S. Martins, L. A. Hawkes, A. Marco, and M. A. Teodósio (2014) Biochemical indices and life traits of loggerhead turtles (*Caretta caretta*) from Cape Verde Islands. PLoS ONE 9: e112181.

Wallace, B. P., S. S. Kilham, F. V. Paladino, and J. R. Spotila (2006a) Energy budget calculations indicate resource limitation in Eastern Pacific leatherback turtles. Marine Ecology Progress Series 318: 263–270.

Wallace, B. P., P. R. Sotherland, P. S. Tomillo, S. S. Bouchard, R. D. Reina, J. R. Spotila, F. V. Paladino (2006b) Egg components, egg size, and hatchling size in leatherback turtles. Comparative Biochemistry and Physiology A 145: 524–532.

Ecology Progress Series 418: 201–212.
Reich, K. J., K. A. Bjorndal, M. G. Frick, B. E. Witherington, C. Johnson, and A. B. Bolten (2010) Polymodal foraging in adult female loggerheads (*Caretta caretta*). Marine Biology 157: 113–121.
Saito, T., M. Kurita, H. Okamoto, I. Uchida, D. Parker, and G. Balazs (2015) Tracking male loggerhead turtle migrations around southwestern Japan using satellite telemetry. Chelonian Conservation and Biology 14: 82–87.
酒井　均・松久幸敬（1996）安定同位体地球化学．東京大学出版会，東京．
坂本太郎・家長三郎・井上光貞・大野　晋（校注）（1994）日本書紀（三）．岩波書店，東京．
坂本　亘・内藤靖彦・内田　至（1991）バイトテレメトリーで追跡するアカウミガメの回遊．日経サイエンス 5: 74–85.
Sakamoto, W., T. Bando, N. Arai, and N. Baba (1997) Migration paths of the adult female and male loggerhead turtles *Caretta caretta* determined through satellite telemetry. Fisheries Science 63: 547–552.
Sakaoka, K., F. Sakai, M. Yoshii, H. Okamoto, and K. Nagasawa (2013) Estimation of sperm storage duration in captive loggerhead turtles (*Caretta caretta*). Journal of Experimental Marine Biology and Ecology 439: 136–142.
佐竹昭広・山田英雄・工藤力男・大谷雅夫・山崎福之（校注）（2014）万葉集（三）．岩波書店，東京．
Sato, K., T. Bando, Y. Matsuzawa, H. Tanaka, W. Sakamoto, S. Minamikawa, and K. Goto (1997) Decline of the loggerhead turtle, *Caretta caretta*, nesting on Senri Beach in Minabe, Wakayama, Japan. Chelonian Conservation and Biology 2: 600–603.
Sato, K., Y. Matsuzawa, H. Tanaka, T. Bando, S. Minamikawa, W. Sakamoto, and Y. Naito (1998) Internesting intervals for loggerhead turtles, *Caretta caretta*, and green turtles, *Chelonia mydas*, are affected by temperature. Canadian Journal of Zoology 76: 1651–1662.
Seminoff, J. A., P. Zárate, M. Coyne, D. G. Foley, D. Parker, B. N. Lyon, and P. H. Dutton (2008) Post-nesting migrations of Galápagos green turtles *Chelonia mydas* in relation to oceanographic conditions: integrating satellite telemetry with remotely sensed ocean data. Endangered Species Research 4: 57–72.
Skúlason, S., S. S. Snorrason, D. L. G. Noakes, and M. M. Ferguson (1996) Genetic basis of life history variations among sympatric morphs of Arctic char, *Salvelinus alpinus*. Canadian Journal of Fisheries and Aquatic Sciences 53: 1807–1813.
Smith, C. C., and S. D. Fretwell (1974) The optimal balance between size and number of offspring. American Naturalist 108: 499–506.
菅沼弘行・立川浩之・佐藤文彦・山口真名美・木村ジョンソン（1994）1983–1990 年の小笠原諸島・父島列島におけるアオウミガメ（*Chelonia mydas*）

Ecology 3: 150–156.
三舟隆之（2009）浦島太郎の日本史．吉川弘文館，東京．
Minagawa, M., and E. Wada. (1984) Stepwise enrichment of ^{15}N along food chains: further evidence and the relation between δ^{15}N and animal age. Geochimica et Cosmochimica Acta 48: 1135–1140.
Minamikawa, S., Y. Naito, K. Sato, Y. Matsuzawa, T. Bando, and W. Sakamoto (2000) Maintenance of neutral buoyancy by depth selection in the loggerhead turtle *Caretta caretta*. Journal of Experimental Biology 203: 2967–2975.
三浦慎悟（1997）個体群と生活史－生存と繁殖の自然選択．*In* 土肥昭夫・岩本俊孝・三浦慎悟・池田　啓（著），哺乳類の生態学．pp. 46–74．東京大学出版会，東京．
本川達雄（1992）ゾウの時間 ネズミの時間．中央公論社，東京．
Okuyama, J., T. Shimizu, O. Abe, K. Yoseda, and N. Arai (2010) Wild versus head-started hawksbill turtles *Eretmochelys imbricata*: post-release behavior and feeding adaptions. Endangered Species Research 10: 181–190.
大牟田一美（1997）屋久島　ウミガメの足あと．海洋工学研究所出版部，東京．
大牟田一美・熊澤英俊（2011）屋久島発 うみがめのなみだ－その生態と環境．海洋工学研究所出版部，東京．
Papi, F., P. Luschi, E. Crosio, and G. R. Hughes (1997) Satellite tracking experiments on the navigational ability and migratory behaviour of the loggerhead turtle *Caretta caretta*. Marine Biology 129: 215–220.
Parker, D. M., W. J. Cooke, and G. H. Balazs (2005) Diet of oceanic loggerhead sea turtles (*Caretta caretta*) in the central North Pacific. Fishery Bulletin 103: 142–152.
Parker, D. M., G. H. Balaz, K. Frutchey, E. Kabua, M. Langridrik, and K. Boktok (2015) Conservation considerations revealed by the movements of post-nesting green turtles from the Republic of the Marshall Islands. Micronesica 3: 1–9.
Parker, G. A., and M. Begon (1986) Optimal egg size and clutch size: effects of environment and maternal phenotype. American Naturalist 128: 573–592.
Patel, S. H., A. Panagopoulou, S. J. Morreale, S. S. Kilham, I. Karakassis, T. Riggall, D. Margaritoulis, and J. R. Spotila (2015) Differences in size and reproductive output of loggerhead turtles *Caretta caretta* nesting in the eastern Mediterranean Sea are linked to foraging site. Marine Ecology Progress Series 535: 231–241.
Polovina, J., I. Uchida, G. Balazs, E. A. Howell, D. Parker, and P. Dutton (2006) The Kuroshio Extension Bifurcation Region: a pelagic hotspot for juvenile loggerhead sea turtles. Deep Sea Research Part II 53: 326–339.
Rees, A. F., S. A. Saady, A. C. Broderick, M. S. Coyne, N. Papathanasopoulou, and B. J. Godley (2010) Behavioural polymorphism in one of the world's largest populations of loggerhead sea turtles *Caretta caretta*. Marine

加藤　弘・大池辰也・大須賀哲也・源田　実・牧野伸一・大羽真史・杉浦進一郎・長谷川道明（1998）遠州灘浜名湖以西区域におけるウミガメ死体の漂着：1997 年．うみがめニュースレター 35: 13–14.

川本　芳（2005）ケモノたちはどのように定着したか．*In* 京都大学総合博物館（編），日本の動物はいつどこからきたのか．pp. 40–46．岩波書店，東京．

Killingley, J. S., and M. Lutcavage (1983) Loggerhead turtle movements reconstructed from ^{18}O and ^{13}C profiles from commensal barnacle shells. Estuarine, Coastal and Shelf Science 16: 345–349.

倉田洋二・米山純夫・堤　清樹・木村ジョンソン・細川　進（1978）VII アオウミガメ増殖放流試験，昭和 50 年度小笠原諸島水産開発基礎調査報告．pp. 55–80．東京都小笠原支庁，東京．

栗原健夫・大牟田一美（1994）屋久島におけるアカウミガメ産卵間隔の時間変動について．*In* 亀崎直樹・藪田慎司・菅沼弘行（編），日本のウミガメの産卵地．pp. 31–34．日本ウミガメ協議会，大阪．

ＫＹＴ鹿児島読売テレビ（2005）ジェーン　屋久島、伝説のアオウミガメ．南方新社，鹿児島．

Laurent, L., P. Casale, M. N. Bradai, B. J. Godley, G. Gerosa, A. C. Broderick, W., Schroth, B. Schierwater, A. M. Levy, D. Freggi, E. M. Abd El-Mawla, D. A. Hadoud, H. E. Gomati, M. Domingo, M. Hadjichristophorou, L. Kornaraky, F. Demirayak, and C. H. Gautier (1998) Molecular resolution of marine turtle stock composition in fishery bycatch: a case study in the Mediterranean. Molecular Ecology 7: 1529–1542.

Lundberg, P. (1988) The evolution of partial migration in birds. Trends in Ecology and Evolution 3: 172–175.

Luschi, P., F. Papi, H. C. Liew, E. H. Chan, and F. Bonadonna (1996) Long-distance migration and homing after displacement in the green turtle (*Chelonia mydas*): a satellite tracking study. Journal of Comparative Physiology A 178: 447–452.

前川光司（編）（2004）サケ・マスの生態と進化．文一総合出版，東京．

松井正文（1996）両生類の進化．東京大学出版会，東京．

松沢慶将（2012）繁殖生態―交尾と産卵．*In* 亀崎直樹（編），ウミガメの自然誌―産卵と回遊の生物学．pp. 115–140．東京大学出版会，東京．

松沢慶将・亀崎直樹（2012）保全―絶滅危惧種を守る．*In* 亀崎直樹（編），ウミガメの自然誌―産卵と回遊の生物学．pp. 227–254．東京大学出版会．東京．

Matsuzawa, Y., K. Sato, W. Sakamoto, and K. Bjorndal (2002) Seasonal fluctuations in sand temperature: effects on the incubation period and mortality of loggerhead sea turtle (*Caretta caretta*) pre-emergent hatchlings in Minabe, Japan. Marine Biology 140: 639–646.

McGinley, M. A. (1989) The influence of a positive correlation between clutch size and offspring fitness on the optimal offspring size. Evolutionary

Metcalfe, and A. A. Prior (2000) The diving behaviour of green turtles at Ascension Island. Animal Behaviour 59: 577-586.

Hays, G. C., S. Åkesson, A. C. Broderick, F. Glen, B. J. Godley, P. Luschi, C. Martin, , J. D. Metcalfe, and F. Papi (2001) The diving behaviour of green turtles undertaking oceanic migration to and from Ascension Island: dive durations, dive profiles and depth distribution. Journal of Experimental Biology 204: 4093-4098.

Hays, G. C., J. D. Metcalfe, and A. W. Walne (2004). The implications of lung-regulated buoyancy control for dive depth and duration. Ecology 85: 1137-1145.

Hewavisenthi, S., and C. J. Parmenter (2002) Egg components and utilization of yolk lipids during development of the flatback turtle Natator depressus. Journal of Herpetology 36: 43-50.

疋田　努（2002）爬虫類の進化．東京大学出版会，東京．

Hirth, H. F. (1997) Synopsis of the biological data on the green turtle *Chelonia mydas* (Linnaeus 1758). U.S. Fish and Wildlife Service Biological Report 97: 1-120.

Hoelzel, A. R., J. Hey, M. E. Dahlheim, C. Nicholson, V. Burkanov, and N. Black (2007) Evolution of population structure in a highly social top predator, the killer whale. Molecular Biology and Evolution 24: 1407-1415.

伊藤嘉昭・山村則男・嶋田正和（1992）動物生態学．蒼樹書房，東京．

岩本俊孝・石井正敏・中島義人・竹下　完（1986）アカウミガメの産卵周期と回遊．遺伝 40: 82-87.

Kakizoe, Y., K. Sakaoka, F. Kakizoe, M. Yoshii, H. Nakamura, Y. Kanou, and I. Uchida (2007) Successive changes of hematologic characteristics and plasma chemistry values of juvenile loggerhead turtles (*Caretta caretta*). Journal of Zoo and Wildlife Medicine 38: 77-84.

鎌田　武（2002）蒲生田海岸．*In* 亀崎直樹・通事祐子・松沢慶将（編），日本のアカウミガメの産卵と砂浜環境の現状．pp. 102-103．日本ウミガメ協議会，大阪．

亀崎直樹（2012）進化―分類と系統．*In* 亀崎直樹（編），ウミガメの自然誌―産卵と回遊の生物学．pp. 11-34．東京大学出版会，東京．

Kamezaki, N., and K. Hirate (1992) Size composition and migratory cases of hawksbill turtles, *Eretmochelys imbricata*, inhabiting the waters of the Yaeyama Islands, Ryukyu Archipelago. Japanese Journal of Herpetology 14: 166-169.

亀崎直樹・後藤　清・松沢慶将・中島義人・大牟田一美・佐藤克文（1995）日本で産卵するアカウミガメのサイズ．うみがめニュースレター 26: 12-13.

亀崎直樹・宮脇逸郎・菅沼弘行・大牟田一美・中島義人・後藤　清・佐藤克文・松沢慶将・鮫島正道・石井正敏・岩本俊孝（1997）日本産アカウミガメ（*Caretta caretta*）の産卵後の回遊．野生生物保護 3: 29-39.

caretta examined by the Argos satellite system. Fisheries Science 68: 945-947.

Hatase, H., N. Takai, Y. Matsuzawa, W. Sakamoto, K. Omuta, K. Goto, N. Arai, and T. Fujiwara (2002d) Size-related differences in feeding habitat use of adult female loggerhead turtles *Caretta caretta* around Japan determined by stable isotope analyses and satellite telemetry. Marine Ecology Progress Series 233: 273-281.

Hatase, H., Y. Matsuzawa, K. Sato, T. Bando, and K. Goto (2004) Remigration and growth of loggerhead turtles (*Caretta caretta*) nesting on Senri Beach in Minabe, Japan: life-history polymorphism in a sea turtle population. Marine Biology 144: 807-811.

Hatase, H., K. Sato, M. Yamaguchi, K. Takahashi, and K. Tsukamoto (2006) Individual variation in feeding habitat use by adult female green sea turtles (*Chelonia mydas*): are they obligately neritic herbivores? Oecologia 149: 52-64.

Hatase, H., K. Omuta, and K. Tsukamoto (2007) Bottom or midwater: alternative foraging behaviours in adult female loggerhead sea turtles. Journal of Zoology 273: 46-55.

Hatase, H., R. Sudo, K. K. Watanabe, T. Kasugai, T. Saito, H. Okamoto, I. Uchida, and K. Tsukamoto (2008) Shorter telomere length with age in the loggerhead turtle: a new hope for live sea turtle age estimation. Genes and Genetic Systems 83: 423-426.

Hatase, H., K. Omuta, and K. Tsukamoto (2010) Oceanic residents, neritic migrants: a possible mechanism underlying foraging dichotomy in adult female loggerhead turtles (*Caretta caretta*). Marine Biology 157: 1337-1342.

Hatase, H., K. Omuta, and K. Tsukamoto (2013) A mechanism that maintains alternative life histories in a loggerhead sea turtle population. Ecology 94: 2583-2594.

Hatase, H., K. Omuta, and T. Komatsu (2014) Do loggerhead turtle (*Caretta caretta*) eggs vary with alternative foraging tactics? Journal of Experimental Marine Biology and Ecology 455: 56-61.

Hatase, H., K. Omuta, and T. Komatsu (2015) Loggerhead turtle (*Caretta caretta*) offspring size does not vary with maternal alternative foraging behaviors: support for their phenotypic plasticity. Marine Biology 162: 1567-1578.

Hawkes, L. A., A. C. Broderick, M. S. Coyne, M. H. Godfrey, L. -F. Lopez-Jurado, P. Lopez-Suarez, S. E. Merino, N. Varo-Cruz, and B. J. Godley (2006) Phenotypically linked dichotomy in sea turtle foraging requires multiple conservation approaches. Current Biology 16: 990-995.

Hays, G. C., C. R. Adams, A. C. Broderick, B. J. Godley, D. J. Lucas, J. D.

Fossette, S., A. C. Gleiss, A. E. Myers, S. Garner, N. Liebsch, N. M. Whitney, G. C. Hays, R. P. Wilson, and M. E. Lutcavage (2010) Behaviour and buoyancy regulation in the deepest-diving reptile: the leatherback turtle. Journal of Experimental Biology 213: 4074–4083.

Georges, J. Y., and S. Fossette (2006) Estimating body mass in leatherback turtles *Dermochelys coriacea*. Marine Ecology Progress Series 318: 255–262.

Gíslason, D., M. M. Ferguson, S. Skúlason, and S. S. Snorasson (1999) Rapid and coupled phenotypic and genetic divergence in Icelandic Arctic char (*Salvelinus alpinus*). Canadian Journal of Fisheries and Aquatic Sciences 56: 2229–2234.

Godley, B. J., D. R. Thompson, S. Waldron, and R. W. Furness (1998) The trophic status of marine turtles as determined by stable isotope analysis. Marine Ecology Progress Series 166: 277–284.

Godley, B. J., A. C., Broderick, F. Glen, and G. C. Hays (2003) Post-nesting movements and submergence patterns of loggerhead marine turtles in the Mediterranean assessed by satellite tracking. Journal of Experimental Marine Biology and Ecology 287: 119–134.

後藤　晃・井口恵一朗（編）（2001）水生動物の卵サイズ　生活史の変異・種分化の生物学．海游舎，東京．

後藤　清・上村　修 (1994) 千里の浜におけるアカウミガメの産卵．*In* 亀崎直樹・藪田慎司・菅沼弘行（編），日本のウミガメの産卵地．pp. 67–74．日本ウミガメ協議会，大阪．

Hatase, H., and W. Sakamoto (2004) Forage-diving behaviour of adult Japanese female loggerhead turtles (*Caretta caretta*) inferred from Argos location data. Journal of the Marine Biological Association of the United Kingdom 84: 855–856.

Hatase, H., and K. Tsukamoto (2008) Smaller longer, larger shorter: energy budget calculations explain intrapopulation variation in remigration intervals for loggerhead sea turtles (*Caretta caretta*). Canadian Journal of Zoology 86: 595–600.

Hatase, H., K. Goto, K. Sato, T. Bando, Y. Matsuzawa, and W. Sakamoto (2002a) Using annual body size fluctuations to explore potential causes for the decline in a nesting population of the loggerhead turtle *Caretta caretta* at Senri Beach, Japan. Marine Ecology Progress Series 245: 299–304.

Hatase, H., M. Kinoshita, T. Bando, N. Kamezaki, K. Sato, Y. Matsuzawa, K. Goto, K. Omuta, Y. Nakashima, H. Takeshita, and W. Sakamoto (2002b) Population structure of loggerhead turtles, *Caretta caretta*, nesting in Japan: bottlenecks on the Pacific population. Marine Biology 141: 299–305.

Hatase, H., Y. Matsuzawa, W. Sakamoto, N. Baba, and I. Miyawaki (2002c) Pelagic habitat use of an adult Japanese male loggerhead turtle *Caretta*

3734.
Broderick, A. C., M. S. Coyne, W. J. Fuller, F. Glen, and B. J. Godley (2007) Fidelity and over-wintering of sea turtles. Proceeding of the Royal Society B 274: 1533–1538.
Cardona, L., M. Clusa, E. Eder, A. Demetropoulos, D., Margaritoulis, A. F. Rees, A. A. Hamza, M. Khalil, Y . Levy, O. Türkozan, I. Marín, and A. Aguilar (2014) Distribution patterns and foraging ground productivity determine clutch size in Mediterranean loggerhead turtles. Marine Ecology Progress Series 497: 229–241.
Caut, S., E. Guirlet, E. Angulo, K. Das, and M. Girondot, (2008) Isotope analysis reveals foraging area dichotomy for Atlantic leatherback turtles. PLoS ONE 3: e1845.
Ceriani, S. A., J. D. Roth, L. M. Ehrhart, P. F. Quintana-Ascencio, and J. F. Weishampel (2014a) Developing a common currency for stable isotope analyses of nesting marine turtles. Marine Biology 161: 2257–2268.
Ceriani, S. A., J. D. Roth, C. R. Sasso, C. M. McClellan, M. C. James, H. L. Haas, R. J. Smolowitz D. R. Evans, D. S. Addison, D. A. Bagley, L. M. Ehrhart, and J. F. Weishampel (2014b) Modeling and mapping isotopic patterns in the Northwest Atlantic derived from loggerhead sea turtles. Ecosphere 5(9): 122.
Ceriani, S. A., J. D. Roth, A. D. Tucker, D. R. Evans, D. S. Addison, C. R. Sasso, L. M. Ehrhart, and J. F. Weishampel (2015) Carry-over effects and foraging ground dynamics of a major loggerhead breeding aggregation. Marine Biology 162: 1955–1968.
Coyne, M. S., and B. J. Godley (2005) Satellite Tracking and Analysis Tool (STAT): an integrated system for archiving, analyzing and mapping animal tracking data. Marine Ecology Progress Series 301: 1–7.
DeNiro, M. J., and S. Epstein (1978) Influence of diet on the distribution of carbon isotopes in animals. Geochimica et Cosmochimica Acta 42: 495–509.
Dodd, C. K., Jr. (1988) Synopsis of the biological data on the loggerhead sea turtle *Caretta caretta* (Linnaeus 1758). U.S. Fish and Wildlife Service Biological Report 88: 1–110.
Eder, E., A. Ceballos, S. Martins, H. Pérez-García, I. Marín, A. Marco, and L. Cardona (2012) Foraging dichotomy in loggerhead sea turtles *Caretta caretta* off northwestern Africa. Marine Ecology Progress Series 470: 113–122.
Encalada, S. E., K. A. Bjornda, A. B. Bolten, J. C. Zurita, B. Schroeder, E. Possardt, C. J. Sears, and B. W. Bowen (1998) Population structure of loggerhead turtle (*Caretta caretta*) nesting colonies in the Atlantic and Mediterranean as inferred from mitochondrial DNA control region sequences. Marine Biology 130: 567–575.

引用文献

Ackerman, R. A . (1997) The nest environment and the embryonic development of sea turtles. *In* P. L. Lutz and J. A. Musick (eds.), The Biology of Sea Turtles. pp. 83-106. CRC Press, Boca Raton, Florida.

Andersen, V., and J. Sardou (1994) *Pyrosoma atlanticum* (Tunicata, Thaliacea): diel migration and vertical distribution as a function of colony size. Journal of Plankton Research 16: 337-349.

Avens, L., and M. L. Snover (2013) Age and age estimation in sea turtles, *In* Wyneken, J., K. J. Lohmann, and J.A. Musick (eds.), The Biology of Sea Turtles, Volume III. pp. 97-133. CRC Press, Boca Raton, Florida.

Bethoux, J. P., P. Morin, C. Madec, and B. Gentili (1992) Phosphorus and nitrogen behaviour in the Mediterranean Sea. Deep Sea Research 39: 1641-1654.

Bjorndal, K. A. (1982) The consequences of herbivory for the life history pattern of the Caribbean green turtle, *Chelonia mydas*. *In* Bjorndal, K. A. (ed.), Biology and Conservation of Sea Turtles. pp. 111-116. Smithsonian Institution Press, Washington, D. C.

Bjorndal, K. A. (1997) Foraging ecology and nutrition of sea turtles. *In* P. L. Lutz, and J. A. Musick (eds.), The Biology of Sea Turtles. pp. 199-231. CRC Press, Boca Raton, Florida.

Bolnick, D. I., R. Svanbäck, J. A. Fordyce, L. H. Yang, J. M, Davis, C. D. Hulsey, and M. L. Forister (2003) The ecology of individuals: incidence and implications of individual specialization. American Naturalist 161: 1-28.

Bolten, A. B. (2003) Variation in sea turtle life history patterns: neritic vs. oceanic developmental stages. *In* P. L. Lutz, J. A. Musick, and J. Wyneken (eds.), The Biology of Sea Turtles, Volume II. pp. 243-257. CRC Press, Boca Raton, Florida.

Booth, D. T., R. Feeney, and Y. Shibata (2013) Nest and maternal origin can influence morphology and locomotor performance of hatchling green turtles (*Chelonia mydas*) incubated in field nests. Marine Biology 160: 127-137.

Bouchard, S. S., and K. A. Bjorndal (2000) Sea turtles as biological transporters of nutrients and energy from marine to terrestrial ecosystems. Ecology 81: 2305-2313.

Bowen, B. W., and S. A. Karl. (2007) Population genetics and phylogeography of sea turtles. Molecular Ecology 16: 4886-4907.

Bowen, B. W., F. A. Abreu-Grobois, G. H. Balazs, N. Kamezaki, C. J. Limpus, and R. J. Ferl (1995) Trans-Pacific migrations of the loggerhead turtle (*Caretta caretta*) demonstrated with mitochondrial DNA markers. Proceedings of the National Academy of Sciences of the United States of America 92: 3731-

索引

著者紹介

畑瀬　英男（はたせ　ひでお）

1973年　兵庫県生まれ
1996年　北海道大学農学部畜産科学科卒業
2002年　京都大学大学院農学研究科博士後期課程応用生物科学専攻修了，
　　　　博士（農学）
日本学術振興会特別研究員DC1及びPD等を経て，東京大学大気海洋研究所在籍
2013年　「ウミガメ類の回遊生態と生活史に関する研究」で日本水産学会水産学奨励賞受賞
著書：『海の生物資源—生命は海の中でどう変動しているか—』（東海大学出版会，分担執筆），『海の環境100の危機』（東京書籍，分担執筆），『ウミガメの自然誌—産卵と回遊の生物学』（東京大学出版会，分担執筆）

フィールドの生物学㉒
竜宮城は二つあった
—ウミガメの回遊行動と生活史の多型—

2016年9月10日　第1版第1刷発行

著　者　畑瀬英男
発行者　橋本敏明
発行所　東海大学出版部
　　　　〒259-1292 神奈川県平塚市北金目4-1-1
　　　　TEL 0463-58-7811　FAX 0463-58-7833
　　　　URL http://www.press.tokai.ac.jp/
　　　　振替　00100-5-46614
印刷所　港北出版印刷株式会社
製本所　誠製本株式会社

ISBN978-4-486-02104-9